ÜBER WASSERKRAFT-MASCHINEN

EIN VORTRAG FÜR BAUINGENIEURE

VON

Prof. Dr. ing. eh. ERNST REICHEL

GEH. REGIERUNGSRAT, CHARLOTTENBURG

MIT 58 ABBILDUNGEN IM TEXT

2. AUFLAGE

DRUCK UND VERLAG VON R. OLDENBOURG
MÜNCHEN UND BERLIN 1925

Vorwort.

Auf Anregung des Herrn Geh. Oberbaurats Karl Nuyken, Vortragender Rat im Ministerium für Landwirtschaft, Berlin, habe ich in den letzten Jahren im Februar für eine Anzahl von Meliorationsbaubeamten einen zweistündigen Vortrag an der Technischen Hochschule Charlottenburg: „Über Wasserkraftmaschinen" gehalten, dem sich in der Regel Erklärungen in der Versuchsanstalt für Wassermotoren angeschlossen haben.

Der Wunsch, den Wortlaut des Vortrags den Zuhörern auch weiterhin zugänglich zu machen, hat zur Niederschrift des Vortrags in der vorliegenden Form geführt, deren Inhalt und Umfang sich mit dem obengenannten Zweck erklärt. Es konnte sich dabei natürlich nur darum handeln, die einzelnen Gebiete mit den wichtigsten Umrißlinien zu umgrenzen. Der Kosten wegen sind auch nicht alle im Vortrag gebrachten Lichtbilder in die Veröffentlichung aufgenommen.

Herrn Geheimrat Nuyken sei für die Anregung und Förderung der vorliegenden Arbeit hiermit der beste Dank ausgesprochen.

Charlottenburg, im Februar 1914.

Ernst Reichel.

Vorwort zur zweiten Auflage.

Die zweite Auflage mußte in einzelnen Teilen ganz umgearbeitet werden, denn der Ausbau der Wasserkraftanlagen hat in der letzten Zeit aus verschiedenen Gründen nicht nur stark zugenommen und es sind dabei vom Standpunkte des Wasserbaues allerlei neue Lösungen versucht worden, sondern auch die Wasserkraftmaschinen haben — namentlich für kleine Gefälle — gegenüber früher ganz andere Formen angenommen. Auch die Grenzen der Verwendung bei den bisherigen wichtigsten Ausführungsformen haben sich wesentlich verschoben und die Bedingungen, die an die Regulierungen gestellt werden, sind schärfere geworden. Allen diesen Erscheinungen mußte entsprechend Rechnung getragen werden.

Charlottenburg, im Januar 1925.

Ernst Reichel.

1*

Inhaltsangabe.

Einleitung.

Unter Wasserkraftmaschinen versteht man Vorrichtungen, welche die Energie des in der Natur vorhandenen strömenden Wassers in eine Form umzusetzen gestatten, wie sie für industrielle Betriebe gebraucht wird, d. h. in mechanische Arbeit.

Unter Arbeit versteht man das Produkt aus Kraft mal Weg. Ein Maß für diese Arbeit ist das Meterkilogramm. Fällt ein Gewicht G^{kg} von einer Höhe H^m herab, so hat es eine Arbeit geleistet $A^{mkg} = G \cdot H$. Dieselbe Arbeit ist auch zum Heben eines Gewichtes von G^{kg} auf die Höhe H^m nötig. Sie kann in einem beliebig langen Zeitraum geleistet werden. Will man jedoch ein Maß für die in der Industrie verwendete mechanische Arbeit haben, dann muß die in der Zeiteinheit, d. i. der Sekunde, geleistete Arbeit in Meterkilogrammen gemessen werden, die man eine Arbeitsleistung nennt.

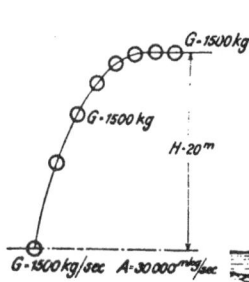 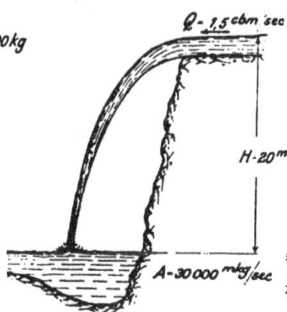 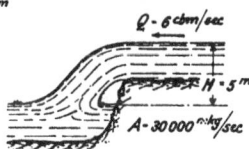

Abb. 1.   Abb. 2.   Abb. 3.

Denkt man sich (Abb. 1) eine Reihe rollender Kugeln, die in Zeitabschnitten von einer Sekunde sich folgen und eine Höhe von H^m herabfallen, so ist die durch sie erzielte Arbeitsleistung $A^{mkg/Sek.} = G \cdot H$. Ersetzt man (Abb. 2) diese Aufeinanderfolge von Kugeln durch einen Wasserstrahl, so kann man sich von demselben in jeder Sekunde ein Stück vom Gewicht G^{kg} abgeschnitten denken, das die Höhe H^m herabfällt. Der Wasserstrahl wird sich also in bezug auf die Arbeitsleistung genau so verhalten, wie die fallenden Kugeln. Es wird daher auch in diesem Falle die geleistete Arbeit gleich sein dem Produkt aus dem Gewicht G^{kg}, der

sekundlichen Wassermenge und der Höhe H^m, welche von diesem Wasser-
gewicht durchfallen wird.

Das Gewicht G der sekundlichen Wassermenge ist aber gleich $Q \cdot \gamma$,
wenn Q den Rauminhalt in cbm/Sek. und $\gamma = 1000$ kg/cbm das Gewicht
eines Raummeters Wasser in Meereshöhe bedeutet. Die geleistete Arbeit
ist demnach $A = \gamma \cdot Q \cdot H^{\text{mkg/Sek.}}$

Ein Meterkilogramm ist aber für praktische Zwecke eine zu kleine
Einheit, man war daher schon frühzeitig gezwungen, größere Einheiten
zu benutzen. Es wurden 75 mkg/Sek. zu einer neuen Einheit, „der
Pferdestärke", zusammengelegt. Die im Wasserlauf vorhandene Arbeitsleistung rechnet sich damit zu $N_i = \dfrac{\gamma \cdot Q \cdot H}{75}$ PS.

Wirkt eine PS eine Stunde lang, so erhält man eine Pferdekraft-
stunde PSh, ein Wert, nach welchem gegenwärtig mechanische Energie
gemessen und bezahlt wird. Ein Jahr hat 8760 Stunden. Eine Wasserkraft von 1 PS kann im Jahre also höchstens 8760 PSh ergeben. Meistens
aber wird eine viel kürzere Zeit gearbeitet. Bei 300 Arbeitstagen jährlich
und je 8 Arbeitsstunden täglich würde man bloß 2400 PSh erhalten. Eine
dauernd vorhandene Wasserkraft würde also durch eine solche Arbeits-
weise nur recht schlecht ausgenutzt. Zur guten zeitlichen Ausnutzung ist
also eine möglichst lange Arbeitsdauer erforderlich. Das Verhältnis der
in einem Jahre wirklich gearbeiteten Stunden zu den möglichen 8760
Stunden, im obigen Beispiel $\dfrac{2400}{8700} = 0.274$ nennt man den „Belastungs-
faktor" einer Wasserkraftanlage. Er spielt bei der Bemessung des Arbeits-
wertes eine maßgebende Rolle.

Die Arbeitsleistung bleibt dieselbe, wenn das Produkt aus Q und H
konstant ist. Man wird also dieselbe Arbeitsleistung erhalten, wenn eine
kleinere Wassermenge von einer größeren Höhe fällt oder umgekehrt.
(Abb. 2 und 3.) Theoretisch ist es gleichgültig, wie sich das aus Q und H
gebildete Produkt zusammensetzt, aber für praktische Ausführungen ist
die Verschiedenheit bei Q und H von der größten Bedeutung.

Die Energiemenge, die in einem Wasserlauf in der Natur vorhanden
ist, die sog. rohe Wasserkraft, N_i, kann in den Wasserkraftmaschinen,
die wir zur Umsetzung in mechanische Arbeit anwenden, niemals in voller
Höhe gewonnen werden. Es wird immer ein bestimmter Teil der Energie
bei der Umsetzung verloren gehen.

Nennt man das Verhältnis zwischen der vom Motor abgegebenen
Zahl von Pferdestärken (N_e = effektive PS) und derjenigen Zahl, welche
die in der Natur im Wasserlauf vorhandenen Pferdestärken darstellt
(N_i = indizierte PS), den Wirkungsgrad η, so ist

$$\eta = \frac{N_e}{N_i} = \frac{75\,N_e}{\gamma \cdot Q \cdot H}.$$

Beträgt $\eta = 0{,}75$, wie es für mittlere Ausführungen angenommen wird, dann kann die effektive Arbeitsleistung N_e, die von der Wasserkraftmaschine geliefert wird, eingeschätzt werden zu: $N_e = \dfrac{\gamma \cdot QH}{75} \cdot 0{,}75$.

Für $\gamma = 1000$ wird diese Arbeitsleistung $\underline{N_e = 10 \cdot Q^{\text{cbm/Sek.}} \cdot H^{\text{m}}}$ Pferdestärken.

Seit der Umwandlung von mechanischer Energie in elektrische, baut man die Arbeitsleistung auf der „Masse", statt auf dem Gewicht auf. Man erhält aber die Masse, wenn man das Gewicht G durch die Erdbeschleunigung $g = 9{,}81$ dividiert und nennt die so erhaltene Arbeitseinheit ein „Watt" W. Es ist also ein $W = 9{,}81$ mkg/Sek und damit 1 PS $= 75 \cdot 9{,}81 = 736\ W$. Da aber das Watt für technische Zwecke wieder eine zu kleine Einheit ist, faßt man 1000 solcher Einheiten zu einem Kilowatt KW zusammen. Es ist somit theoretisch 1 PS $= 0{,}736$ KW oder umgekehrt 1 KW $= 1{,}36$ PS. Läßt man wieder eine solche, jetzt elektrische Arbeitseinheit von 1 KW ein Stunde lang wirken, so erhält man die Kilowattstunde KWh, ein Wert, nach welchem jetzt allgemein elektrische Energie gemessen und bezahlt wird.

In allen Fällen spielen die beiden Werte Q und H, die Wassermenge und das Gefälle, aus denen sich die Arbeitsleistung einer Wasserkraft zusammensetzt, die Hauptrolle. Sie einzeln zu betrachten, ist daher notwendig, wenn man eine Wasserkraft richtig beurteilen will.

Die Wassermenge.

Man hat zu unterscheiden zwischen derjenigen Wassermenge, welche in einem Flußlauf überhaupt vorhanden ist und derjenigen, die in den Motoren zweckmäßig ausgenutzt wird. Die im Flußlauf vorhandene Wassermenge unterliegt im Laufe eines Jahres großen Schwankungen. Je nach den Jahreszeiten, den klimatischen Verhältnissen, der Bodenbeschaffenheit u. dgl. ist die Wassermenge verschieden groß. Das Verhältnis der kleinsten in einem Flußlauf geführten Wassermenge zur größten steigt von etwa $1:10$ bis zu $1:1000$ und mehr bei Gebirgsflüssen. Von dieser, so starken Schwankungen unterworfenen Wassermenge wird man aber nur jenen Teil zweckmäßig in Motoren ausnutzen können, der entweder immer, oder doch einen großen Teil des Jahres über vorhanden ist.

In den meisten industriellen Betrieben handelt es sich darum, eine Energiequelle von unveränderlicher Größe zur Verfügung zu haben. Den Berechnungen über die Wirtschaftlichkeit einer industriellen Anlage wird daher eine bestimmte, stets oder doch häufig vorhandene Energiemenge zugrunde gelegt. Stets vorhanden ist nur die minimale Wassermenge. Sie bildet aber bei den großen Schwankungen, denen Q unterworfen ist, oft nur einen sehr kleinen Teil, der im Flußlauf geführten

Wassermenge und wenn man eine Wasserkraftanlage nur damit ausbauen wollte, dann müßte man allen Wasserüberschuß einer wasser-
reichen Zeit unbenutzt abfließen lassen. Es wird also in vielen Fällen
zweckmäßig sein, nicht von der minimalen Wassermenge auszugehen,
insbesondere dann, wenn der zu versorgende Industriezweig befähigt ist,
sich veränderlichen Energiemengen anzupassen.

Entscheidend für die Wahl der Größe, bis zu welcher man hier gehen
kann, ist also immer der Zweck, dem die Wasserkraft dienen soll. Ist eine
ständige, nie versagende Arbeitsleistung erforderlich, so muß man bei
der minimalen, oder nahezu minimalen Wassermenge verbleiben. Sind
die Betriebe aber danach geartet, daß man verschieden große Energiemengen verwerten kann, so kann man in der Ausnutzung der Wassermenge beliebig hoch hinaufgehen. Am günstigsten ist es natürlich, wenn
sich eine Industrie den veränderlichen Verhältnissen des Wasserlaufes
möglichst anpassen kann, also in der Lage ist, alle Wassermengen bis
weit über die mittleren hinaus, auszunutzen. Nur einige Zweige der
chemischen Großindustrie haben sich indessen als so anpassungsfähig
herausgestellt, es sei denn, daß man in Zeiten des Wassermangels die
fehlende Energiemenge, durch Wärme erzeugt, ersetzen kann.

Auf die größten auftretenden Wassermengen wird man daher eine
Wasserkraftanlage niemals gründen zumal die Zeiten, in denen die großen
Wassermengen auftreten, nur kurze sind. Es lohnt sich nur selten, für
so kurze Zeiten erhebliche Aufwendungen an Bauten und Maschinen zu
machen.

Über das Ausmaß der jedesmal auszunutzenden Wassermenge sind
also Angaben allgemeiner Art nicht möglich. Man wird von Zeit zu Zeit
an Hand der vorliegenden Verhältnisse urteilen müssen und die für den
Ausbau zu wählende Wassermenge so groß als möglich machen. Aus-
schlaggebend ist stets, wie der Energiebedarf sich den vorhandenen Verhältnissen anpassen läßt und wie lange die abnormalen Zeiten dauern.
Daraus geht hervor, daß man bei allen Wasserläufen bestrebt sein wird,
die Schwankungen in den Wassermengen soviel als möglich auszugleichen,
oder sich mit denselben dem Energiebedarf anzupassen.

Für eine zweckmäßige Ausgleichung ist das einzig taugliche Mittel
die Anlage von größeren Wasserbecken. Überschüsse aus wasserreicher
Zeit werden in natürlichen oder künstlichen Teichen, Seen oder Talsperren aufgespeichert und in wasserarmen Zeiten zur Erhöhung des
sonst zu kleinen Abflusses verwendet. Hat man solche Becken überhaupt
einmal angelegt, so können sie nun auch umgekehrt dazu benutzt werden,
um in kurzen Zeitabschnitten eine ganz unregelmäßige Wasserbewegung
zu gestatten, ohne daß man dabei Wasser irgendwie zu verschwenden
braucht. Es lassen sich damit also auch Schwankungen im Energiebedarf
decken, die durch einen gewöhnlichen Flußlauf unbefriedigt bleiben
müßten. Es ist darum erklärlich, daß man solche Becken überall mit

Vorteil anlegen kann, sie verlangen nur meistens einen sehr großen Wasserinhalt. In der Natur bietet sich selten eine passende Gelegenheit dafür, so große Becken anzulegen, anderseits werden auch die Herstellungskosten sehr hoch. Über die Größe des Fassungsraumes solcher Becken lassen sich wieder allgemeine Angaben nicht machen. Er muß aber umso größer bemessen sein, je länger sich zeitlich die ausgleichende Wirkung hinziehen soll. Um eine, das ganze Jahr hindurch gleichmäßige Wassermenge zu erzielen, dazu gehören sehr große Speicherräume, die etwa $^2/_3$ der ganzen jährlichen Wasserabflußmenge für das betreffende Gebiet entsprechen. Die Gelegenheit, so große Speicherräume anzulegen, ist außerordentlich selten. Meistens muß man sich mit einem kurzen Ausgleich für Monate, Wochen oder gar nur Tage, ja oft nur für wenige Stunden begnügen.

Die Zahl der im Deutschen Reich angelegten Talsperren ist schon eine ziemlich große, sie wird sich mit dem fortschreitenden Ausbau der Wasserkräfte noch erhöhen. Um die hohen Anlagekosten auf ein erträgliches und wirtschaftliches Maß zu bringen, sucht man alle Interessenten zu vereinigen, die aus einer Talsperre Nutzen ziehen, und zur Beitragsleistung für die Anlagekosten zu veranlassen.

Jedes größere Becken, das vor einer Wasserkraftanlage angelegt wird, befähigt die anschließende Turbinenanlage, sich einem schwankenden Energiebedarf anzuschmiegen, und Wasser, das augenblicklich nicht gebraucht wird, zurückzuhalten, um es in Zeiten eines größeren Bedarfs zweckdienlich zu verwenden. Dadurch kann sich aber der Abfluß aus einer solchen Wasserkraftanlage sehr unregelmäßig gestalten. Ein anderer, am Unterlauf des Flusses gelegener Wasserkraftbesitzer würde durch eine solche Verwendungsart sehr geschädigt werden. Er hat einen rechtlichen Anspruch auf diejenige Art der Wasserlieferung, wie sie in der Natur vorhanden ist. Darum ist es nötig, auch unterhalb einer, mit einem größeren Becken ausgestatteten Wasserkraftanlage ein zweites solches Becken „ein Ausgleichsbecken" anzulegen, das die alleinige Aufgabe hat, den unregelmäßigen Wasserabfluß aus der Kraftanlage für die Unterlieger wieder auszugleichen. Natürlich lassen sich an solche Ausgleichsbecken mit schwankender Wasserspiegelhöhe auch wieder Wasserkraftanlagen legen.

Wasserkraftanlagen, die über große Speicherbecken verfügen und sich dadurch einem sehr schwankenden Energiebedarf bis an die höchsten Spitzenleistungen anpassen, ohne Wasser zu vergeuden, nennt man auch „Spitzenwerke".

Um nun bei Flüssen, bei denen die Möglichkeit, einen größeren Wasserspeicher anzulegen, nicht besteht, dennoch, namentlich während der Nachtzeit, unnütz abfließende Wassermengen zu verwerten, kann man in den Fällen, wo die örtlichen Verhältnisse es gestatten, auf benachbarten Hügeln oder Bergen ein kleineres Becken anlegen, in das man mit der sonst nutzlos abfließenden Wassermenge Energiewasser hochpumpt. Die auf diese Weise entstehende „Hochdruckanlage" vermehrt in Zeiten des großen Kraftbedarfs sehr wirksam die nachfolgende höhere Tagesleistung. Von der zum Hochpumpen verwendeten Energie erhält man nützlich allerdings kaum mehr als 50% wieder, aber der Gewinn gestaltet sich doch oft wirtschaftlich genug, um solche kostspielige „Wasserakkumulierungsanlagen" zu rechtfertigen. Zahlreich sind diese Fälle allerdings nicht. Um die Hochdruckbecken klein genug zu halten, müssen sie meist mehr als 100 m höher liegen als die „primäre" Kraftanlage und die Leistung muß wenigstens 600 PS betragen, wenn sich die „sekundäre" Hochdruckanlage als wirtschaftlich erweisen soll.

Hierher gehören auch die neuerdings öfters besprochenen sogenannten Umformeranlagen (z. B. nach Lawaczeck), bei denen man mit sonst überflüssig abfließenden größeren Wassermengen von geringem Gefälle durch hinter einander geschaltete Kreisel-Pumpen kleinere Wassermengen von hohem Druck herstellt und diese dann erst ausnutzt. Man spart hierbei die viel Raum und Kosten beanspruchenden Hochdruckbecken und Rohrleitungen.

Die namentlich in den Nachtstunden überschüssige und oft unverwertbare Energie bei Wasserkraftanlagen heißt man auch „Abfallenergie" Sie ist natürlich viel billiger zu haben als die Tagesenergie und hierauf gründen sich neuerdings ganze Industriezweige, die von der billigeren, aber sehr unstetigen Abfallenergie Nutzen ziehen. Den Wasserkraftanlagen ist mit der Verwertung der Abfallenergien natürlich ebenfalls gedient.

Hat man sich für ein bestimmtes Ausmaß der Wassermenge für den Ausbau der Anlage entschieden, dann hat man noch festzustellen, für welche Wassermengen die einzelnen Turbinen der Kraftanlage zu erbauen sind. Auch das ist eine Frage wirtschaftlicher Art. Ihre Beantwortung wird davon abhängen, wie groß die noch verbleibenden Schwankungen in der Wassermenge sind und ob es möglich ist, mit einer Turbine diesen Veränderungen zu folgen, oder ob man hierfür mehrere Einheiten notwendig hat.

Bei elektrischen Zentralen wiederum spielen oft die Anlagekosten der mit den Turbinen zu kuppelnden Generatoren eine entscheidende Rolle. Sie werden umso geringer, je höher man die Umdrehungszahlen wählen kann. Wegen der Polzahl der elektrischen Generatoren kann man ihre Drehzahlen zweckmäßig auch nur in bestimmten Abständen wählen. Darum sind auch die Turbinen nicht nur an eine bestimmte Größe, sondern auch an gewisse Umdrehungszahlen gebunden. Auch hiervon ist die Zahl der zu wählenden Turbineneinheiten abhängig. Im allgemeinen geht neuerdings die Richtung dahin, die Zahl der Einheiten so klein als möglich zu wählen, um nicht nur Platz- und Anlagekosten zu sparen, sondern auch den Betrieb zu vereinfachen und zu verbilligen.

Bezüglich der Wassermengen, die mit einer Turbineneinheit bewältigt werden sollen, braucht man sich keine Beschränkungen aufzuerlegen. Eine obere Grenze ist noch nicht erreicht, obwohl man schon Turbinen gebaut hat, die mit einem einzigen Rade 100 cbm/Sek und mehr Wasser zu verarbeiten imstande sind. Wenn die Wasserführung eines Flusses so groß ist, daß Schiffahrt auf demselben mit Erfolg betrieben werden kann, dann sind die Interessen der Schiffahrt mit denen der Wasserkraftnutzung sinngemäß zu vereinigen. Darüber, wie das in der zweckmäßigsten Weise zu geschehen hat, und ob die Kraftanlagen im Flusse selbst oder in einem seitlich davon angelegten Kanal eingebaut werden sollen, gehen die Ansichten zurzeit noch auseinander. Aber nicht nur eine Flußregulierung, sondern auch die Führung eines Schiffahrtskanals wird immer mehr davon abhängen, ob gleichzeitige Kraftausnutzung möglich ist oder nicht. Schiffahrtskanäle für sich allein sind oft nicht mehr wirtschaftlich, sondern die an denselben gelegenen Wasserkraftanlagen müssen die Betriebskosten decken helfen. Die wirtschaftliche Verbindung beider wird also in Zukunft für die Art der Kanalführung und des Schiffahrtsbetriebes maßgebend sein. Der im Bau befindliche Rhein-Donau-Kanal ist ein bemerkenswertes Beispiel hierfür.

Das Gefälle.

Im Wasserbau versteht man unter dem Gefälle eines Flusses das Verhältnis des Wasserspiegelhöhen-Unterschiedes zwischen zwei Punkten des Flußlaufes zur Länge des Flußlaufes zwischen diesen beiden Punkten. Im Maschinenbau rechnet man nur mit dem Höhenunterschied.

Das Gefälle ist bei jedem Flußlauf umso größer, je mehr man sich dem Ursprung nähert. Die hohen Gefälle liegen demnach nahe dem Ursprung im Gebirge, die kleineren näher der Mündung im Flachlande.

Um bei einem Flußlauf ein nützliches Gefälle zu gewinnen, muß man entweder im Flusse selbst künstlich einen Aufstau erzeugen, oder das Wasser in einem Kanal mit einem möglichst kleinen Gefälle bis zur Kraftanlage und von dieser wieder in den Fluß zurückführen. Immer werden sich hierdurch Gefällsverluste einstellen. Der in der Natur zwischen zwei Punkten des Flußlaufes bestehende Höhenunterschied „das Bruttogefälle" H_b ist stets größer als das in der Kraftanlage wirklich ausnutzbare oder „das Nettogefälle" H_n. Das Verhältnis der beiden $\dfrac{H_n}{H_b}$ nennt man „den Gefällewirkungsgrad" (Abb. 4 u. 5). Er muß so hoch als möglich angestrebt werden. Besonders günstige Verhältnisse ergeben sich, wenn große Krümmungen im Flußlauf durch kurze Werkkanäle abgeschnitten werden können, oder wenn man, wie im Gebirge, hohe Gefälle direkt ausnutzen kann. Dabei sind alle Verluste so klein,

als irgend möglich zu machen. Die Verluste im Wehreinbau und in den
Zuleitungskanälen, „dem Ober- und Untergraben" oder „dem Werk-

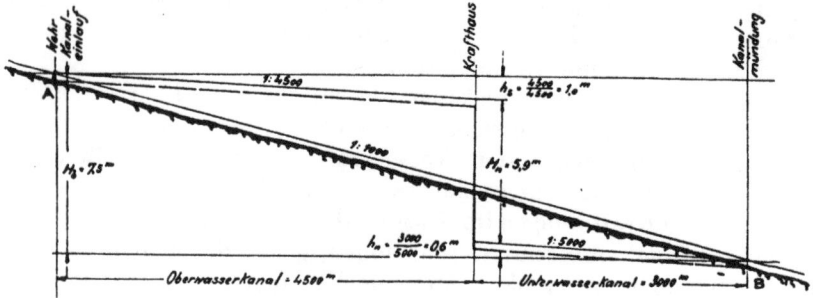

Abb. 4. Wasserkraftanlage mit kleinem Gefälle.
Bruttogefälle zwischen A und B $= 7,5$ m $= H_b$
Gefällsverlust im Oberwasserkanal $= 1,0$ m $= h_o$
    ,,   ,, Unterwasserkanal $= 0,6$ m $= h_u$

Nettogefälle $= 5,9$ m $= H_n$

Gefällewirkungsgrad $\dfrac{H_n}{H_b} = \dfrac{5,9}{7,5} = 0,79$.

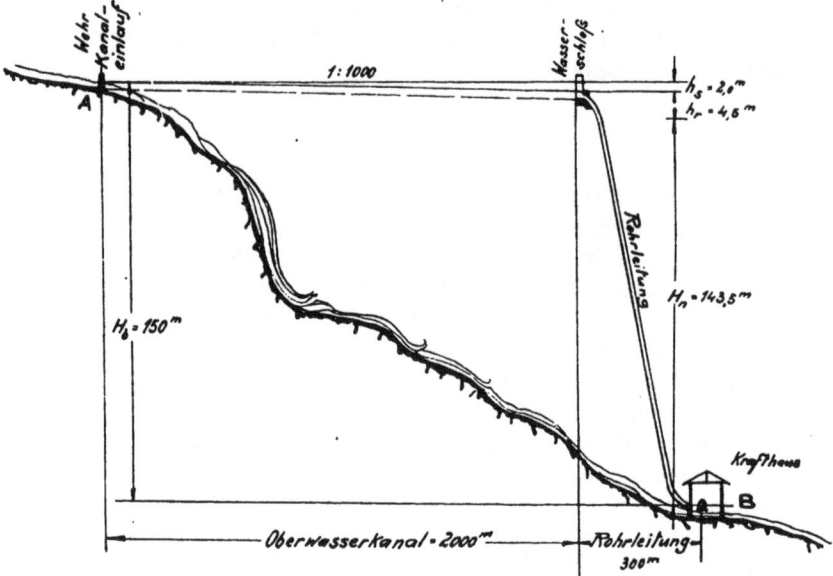

Abb. 5. Wasserkraftanlage mit großem Gefälle.
Bruttogefälle zwischen A und B $= 150$ m $= H_b$
Gefällsverlust im Oberwasserkanal $= 2$ m $= h_o$
    ,,   in der Rohrleitung $= 4,5$ m $= h_r$

Nettogefälle $= 143,5$ m $= H_n$

Gefällewirkungsgrad $\dfrac{H_n}{H_b} = \dfrac{143,5}{150,0} = 0,956$.

kanal" nehmen mit dem Quadrat der Geschwindigkeit v^2 zu. Mit kleinem
v erhält man aber größere Querschnitte, also höhere Baukosten. Auch

mit dem Bestreben, die Widerstände in den Kanälen durch bessere Ausführung herabzudrücken, ist eine Erhöhung der Baukosten verbunden.

Die in den Zuführungskanälen zu wählende Wassergeschwindigkeit ist von der Beschaffenheit der Kanalwandungen (der Rauhigkeit) abhängig. Je günstiger die Ausführung ist, desto höher darf man mit der Wassergeschwindigkeit gehen, desto kleiner wird der wasserbenetzte Querschnitt. Im allgemeinen trifft man Wassergeschwindigkeiten an, die sich zwischen 0,6 und 1,0 m bewegen. Es wird immer eine Ausführungsart geben, bei der man mit einem kleinsten Kostenaufwand und mit den günstigsten Widerständen zugleich auskommt.

Wenn aber die Wasserzuführungskanäle zu gleicher Zeit für Schifffahrt ausgenutzt werden sollen, dann ist man bei der Wassergeschwindigkeit im Kanal durch die Bergfahrt beschränkt und die Ausführungskosten werden größer. Eine für beide Ansprüche günstige Lösung läßt sich augenblicklich noch nicht namhaft machen.

Es wird ein gewisses kleinstes Flußgefälle geben, bei dem trotz flacher Zuleitungskanäle sich der Gefällswirkungsgrad so klein einstellt, daß ein wirtschaftlicher Ausbau der Wasserkraft nicht mehr lohnend ist. Man hat bisher angenommen, daß die unterste Grenze bei einem Flußgefälle bei etwa 1:2500 erreicht war. In neuerer Zeit aber ist durch die Verbesserung der Ausführungsmöglichkeiten und durch die hohen Kohlenpreise die Grenze weit höher gerückt. Hallinger-München will sie bis zu 1:9000 hinaufschieben.

Wie erwähnt, kommen zu den Kanalverlusten noch jene hinzu, die sich im Wehrbau und an der Wasserkraftanlage selbst ergeben. Wird das Wasser den Turbinen durch Rohrleitungen zugeführt, dann sind die darin entstehenden Reibungsverluste gleichfalls vom Bruttogefälle abzuziehen (Abb. 5). Eine Rohrleitung muß also ebenso nach wirtschaftlichen Gesichtspunkten bemessen werden, wie die Zuleitungskanäle. Auch hier gibt es einen wirtschaftlich günstigsten Rohrdurchmesser.

Da die Wassermotoren gegen Unreinigkeiten, die das Wasser mit sich führt, (Holz, Laub, Gras, Eis u. dergl.) empfindlich sind, wird man sie durch die Anbringung von Rechen oder Gittern schützen müssen. Auch hierdurch entstehen Gefällsverluste, die umso höher werden, je größer die Wassergeschwindigkeit ist und je mehr sich solche Gitter zusetzen. Es ist darum für zweckmäßige Konstruktion derselben und für ausgiebige Reinigungsmöglichkeiten zu sorgen. Die Gitterstäbe müssen so stark berechnet werden, daß sie bei vollständigem Zusetzen (z. B. durch Eis) den ganzen vorgelagerten Wasserdruck aushalten können. Automatische Reinigungsverrichtungen sind mehrfach ausgeführt worden, aber noch nicht in allen Fällen, namentlich bei Eisgang, einwandfrei.

Bei Frostgefahr hat man die Gitter so zu legen, daß der Raum über denselben heizbar ist, z. B. durch die warme Generatorluft bei elektrischen

Kraftanlagen, oder durch elektrische Heizung der Stäbe selbst. Durch fehlerhafte Gitteranlagen können so hohe Betriebsstörungen und Reinigungskosten entstehen, daß die Wirtschaftlichkeit ganzer Anlagen darunter leidet.

Die Maschenweite der Gitter oder der Stababstand sind von dem verwendeten Turbinensystem abhängig, häufig aber wegen des Fischereibetriebes gesetzlich vorgeschrieben, z. B. in Deutschland 15 bis 25 mm, und damit ergibt sich ein Gitterverlust, der zwischen 0,05 bis 0,3 m schwankt, bei kleinen Gefällen also empfindlich werden kann. Darum wird die Wassergeschwindigkeit durch die Gitter so bemessen, daß man auf 1 cbm Wasserführung je nach der Reinheit des Wassers, dem Gefälle und dem Turbinensystem etwa 1,5 bis 2,5 qm wasserbenetzte Gitterfläche ausführt.

Wird das Gefälle an sich klein, 1 m und darunter, dann braucht man große Wassermengen, um eine nennenswerte Kraftleistung zu erzielen. Es ist darum meistens unwirtschaftlich, bei kleinen Gefällen große Leistungen erzielen zu wollen. Unter etwa 0,8 m ist man mit der Ausnutzung von Gefällen nur bei kleinen Wassermengen gegangen. Dagegen ist man in der Größe der Gefälle nach oben unbegrenzt. Bei Fully in der Schweiz ist eine Wasserkraftanlage erbaut worden, die in einer Stufe 1600 m ausnutzt. Die obere Grenze ist nur durch die Festigkeitseigenschaften der Konstruktionsmaterialien bedingt. Wenn es gelingt, diese Verhältnisse zu bessern, dann steht der Ausnutzung noch höherer Gefälle nichts mehr im Wege.

Wasserkraftanlagen für kleine Gefälle bis etwa zu 20 m nennt man auch „Niederdruck"-Anlagen zum Unterschiede von „Hochdruck"-Anlagen für hohe Gefälle von etwa 100 m aufwärts. Die zwischenliegenden Gefälle gehören „Mitteldruck"-Anlagen an. Die Grenzen sind natürlich sehr schwankend. Bei den Hoch- und Mitteldruck-Anlagen wird das Wasser den Turbinen in einer Rohrleitung zugeführt, deren Bemessung oft größere Schwierigkeiten macht. In erster Linie ist das Material, aus dem die Rohrleitung hergestellt werden soll, entscheidend. Man findet Holz, Eisen und Eisenbeton verwendet. Am häufigsten ist Eisen anzutreffen. Für den Durchmesser und die Wandstärken entscheiden Wassermenge und Gefälle und die wirtschaftlichste Bauart. Letztere ist dann erreicht, wenn die in der Rohrleitung auftretenden Reibungswiderstände einen Energieverlust ergeben, dessen Höhe, in Geld ausgedrückt, so groß wird, als die Zinsen des Anlagekapitals für eine veränderte Bauweise.[1] Hierzu können allerdings Verhältnisse kommen, wie sie am Schluß der Betrachtung bei den Regulierbedingungen auseinandergesetzt sind.

Werden die Gefälle zu groß oder stellen sich dem Ausbau in einer Stufe zu große Schwierigkeiten in den Weg, dann teilt man das Gefälle

---

[1] Bauersfeld, Z. f. d. ges. Turbinenwesen 1907, S. 417.

in mehrere Stufen, die dasselbe Wasser nacheinander ausnutzen müssen· Ein Beispiel aus neuerer Zeit bilden die Isarwerke unterhalb München. Da die einzelnen Werke aber in ihrem Wasserbezug auf den Wasserverbrauch des obersten Werkes angewiesen sind, ergeben sich dann, wenn alle diese Werke zusammenarbeiten sollen, besonders verwickelte Regulierungsverhältnisse, die nur durch sinngemäße und gleichzeitige Regulierung aller beteiligten Stufen gelöst werden können. Erst am Ende aller Staustufen wird dann ein Ausgleichsbecken notwendig.

Bei jedem Flußlauf muß es das eifrigste Bestreben bleiben, die restlose Ausnutzung auf der ganzen ausbaufähigen Strecke zu erzielen. Das ist nur möglich, wenn der Ausbau größerer Flußgebiete nach großen, einheitlichen Gesichtspunkten durchgeführt wird. Die Flußläufe dürfen durch das Herausgreifen einzelner Staustufen, auch wenn sie günstig gelegen sind, nicht zerstückelt werden, sondern es müssen möglichst wenig und starke Stufen zusammengefaßt, aneinandergereiht und wirtschaftlich zur Ausnutzung kommen. Mit den günstigsten Staustufen wird man den Ausbau natürlich beginnen, aber der Ausbau der benachbarten Staustufen soll dadurch nicht unmöglich oder wertlos gemacht werden.

Zur Erzielung besserer Gefällsverhältnisse hat man neuerdings das einem Flußlauf entnommene Wasser nach seiner Ausnutzung nicht mehr demselben Fluß wieder zugeführt, sondern in ein benachbartes, tiefer gelegenes Flußbett geleitet. Die durch Wasserentziehung geschädigten Unterlieger müssen dann natürlich schadlos gehalten werden, trotzdem werden solche Anlagen wirtschaftlich, wie ausgeführte Beispiele an der Laitzach, Saalach u. a. a. O. zeigen. Solche Anlagen haben dann einen besonderen Wert, wenn es gelingt, damit eine gewisse Wasser-Speicherfähigkeit zu verbinden, wie z. B. bei den Laitzach-Werken.

Es ist bisher vorausgesetzt worden, daß das Gefälle, für das eine Wasserkraftanlage erstellt wird, eine konstante Größe sei. Das ist aber keineswegs der Fall. Namentlich im Flachlande bei ohnehin kleinen Gefällswerten sind oft durch Rückstau vom Unterwasser her bedeutende Schwankungen vorhanden, die so groß werden können, daß die Wasserkraft zeitweise ganz versagt, und der Betrieb nur durch zusätzliche Wärmeanlagen aufrechterhalten werden kann. Solche Ergänzungen sind nicht nur bei Wassermangel notwendig (meistens tritt Wassermangel in Verbindung mit hohen Gefällen auf), sondern oft gerade dann, wenn bei Hochwasser zwar Wasser genug da ist, aber kein taugliches Gefälle mehr vorhanden ist. Wasserkraftanlagen, die eine ergänzende Wärmeanlage erfordern, sind natürlich weniger wirtschaftlich. Bei der Beurteilung des Wertes einer Wasserkraft spielen diese Verhältnisse daher eine ausschlaggebende Rolle.

Für die Beurteilung der Wirtschaftlichkeit einer Wasserkraftanlage stellt man gewöhnlich die Summe der Ausbau- und Betriebskosten auf und vergleicht sie mit denjenigen einer gleich starken Wärmeanlage,

Solche Betrachtungen, so berechtigt sie sein mögen, haben aber immer nur einen Augenblickswert. Es darf nicht übersehen werden, daß Wasserkraftanlagen meistens für einen viel längeren Zeitraum errichtet werden müssen als Wärmeanlagen (80 bis 100 Jahre). Wie sich während eines solchen Zeitraumes die Verhältnisse gestalten können, entzieht sich völlig der Betrachtung. Man würde in der Vorkriegszeit viel mehr Wasserkraftanlagen ausgebaut haben, wenn man die nachfolgenden Schwierigkeiten in der Brennstoffbeschaffung hätte voraussehen können. Auch haben sich manche Wasserkraftanlagen, die anfänglich nur eine sehr knappe Verzinsung ergaben, im Laufe der Zeit als sehr wirtschaftlich erwiesen. In Zeiten mit zunehmendem Energiebedarf wird es sich immer lohnen, neue Energiequellen zu erschließen. Natürlich darf man darin nicht zu weit gehen und insbesondere müssen die sparsamsten Bau- und Betriebsverhältnisse unter allen Umständen wahrgenommen werden. Ganz wird man freilich um einen Vergleich mit Wärmeanlagen nicht herumkommen. Sind örtlich die Kohlen teuer, so kann man auch mit den Bau- und Betriebskosten der Wasserkraftanlagen etwas höher gehen, als es in der Nähe von Kohlengruben der Fall ist. In deren unmittelbarer Nähe wird man eine Wasserkraft nur unter ganz besonders günstigen Verhältnissen ausbauen können.

In der Friedenszeit war es möglich, unter ganz günstigen Verhältnissen Wasserkräfte mit etwa M. 100 für die angelegte PS auszubauen (Norwegen). Es sind aber auch Fälle bekannt, wo die ausgebaute PS bis M. 2000 gekostet hat. Solche Anlagen sind nur dann wirtschaftlich möglich, wenn damit sehr wertvolle Produkte hergestellt werden können, bei denen die Kosten der Krafterzeugung keine so große Rolle spielen, oder wenn die Kosten für Kohle an Ort und Stelle sehr hoch sind. In Mitteldeutschland hat man damit gerechnet, daß die ausgebaute PS M. 4—500, höchstens M. 800, kosten dürfe. Neuerdings haben sich diese Zahlen ganz erheblich verschoben, denn Material und Löhne sind in verschiedenem Maße im Wert gestiegen und schwanken gegenwärtig noch hin und her. Im allgemeinen aber haben sich die Aussichten für den Ausbau von Wasserkraftanlagen durch die schwierige Brennstoffbeschaffung wesentlich gebessert, und es werden jetzt Wasserkraftanlagen noch als ausbauwürdig angesehen, und tatsächlich auch ausgebaut, die man früher nicht mehr als wettbewerbsfähig mit Wärmeanlagen angesehen hätte.

Die Anlagekosten bei Wasserkraftbauten betragen in der Regel ein Vielfaches von dem, was gleichstarke Wärmeanlagen kosten. Bei den laufenden Betriebskosten ist es der hohen Brennstoffkosten wegen umgekehrt. Daher spielt die Beschaffung des Baukapitals eine sehr große Rolle. Größere Wasserbauten können augenblicklich nur noch von sehr kapitalkräftigen Firmen oder mit Staats- oder fremdem Zuschuß ausgebaut werden.

Während die laufenden Betriebskosten für die ausgebaute PS mit der Größe der Anlage nur wenig geringer werden und sich mit dem Gefälle nicht viel ändern, nehmen die Anlagekosten in der Regel ab, je höher die ausgenutzten Gefälle liegen. Der maschinelle Anteil an den Ausbaukosten steigt bei den kleinen Gefällen selten über 20 %. Er wird mit zunehmendem Gefälle geringer und kann bei hohen Gefällen bis auf 5 % herabgehen. Das kommt daher, weil die Turbinen für hohe Gefälle infolge größerer Drehzahl billiger und leistungsfähiger sind.[1])

Die Wirkungsweise des Wassers in den Turbinen.

Die alte Form des Wasserrades (Abb. 6) ist bekannt. Das Wasser strömt durch ein Gerinne dem Rade zu. Wirkt eine Kraft P^{kg} am Umfang eines Rades vom Halbmesser r^m, so erzeugt sie ein Drehmoment $M = P \cdot r \cdot$ mkg. Dreht sich das Rad mit der konstanten Winkelgeschwindigkeit ω, gleichbedeutend mit der sekundlichen Umfangsgeschwindigkeit bei einem Halbmesser von $r = 1$ m (Abb. 7), so ist seine Umfangsgeschwindigkeit $u = r \cdot \omega^{m/Sek.}$ Die sinkende Last P überträgt also auf das Rad eine Arbeitsleistung von der Größe $A = P \cdot r \cdot \omega^{mkg/Sek.}$ Das Rad wird durch das Übergewicht der mit Wasser gefüllten Zellen gedreht. Das Wasser selbst bleibt in den Zellen solange in Ruhe, bis es aus den unten angekommenen Zellen wieder ausfließt.

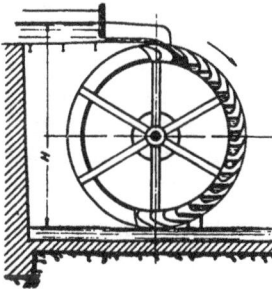

Abb. 6. Oberschlächtiges Wasserrad.

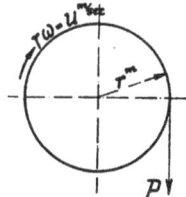

Abb. 7.

Das Gefälle welches ausgenutzt werden soll, bedingt den Raddurchmesser, der also gleich oder größer sein muß wie das Gefälle. Da man aber Räder mit mehr als 15 m Durchmesser nur schwer bauen kann, war es auch mit solchen Rädern nur möglich, Gefälle bis zu etwa 15 m auszunutzen. Die Ausnutzung vom technischen Standpunkte aus war sonst

---

[1]) In mustergültiger und besonders anschaulicher Weise sind in dem sehr zu empfehlenden Werk von Dr.-Ing. A. Ludin „Die Wasserkräfte", Springer, Berlin 1913, die Wassermengen, Gefälle, Leistungen und Kosten einzelner Anlagen in Diagrammen zusammengestellt und erläutert.
Siehe auch: E Mattern „Die Ausnutzung der Wasserkräfte", III. Aufl., Engelmann, Leipzig 1921.

eine günstige. Es wurden bei solchen „oberschlächtigen" Rädern Wirkungsgrade bis zu 78 % und darüber erzielt. Aber die Umdrehungszahl der Räder wird umso kleiner, je größer der Durchmesser wird. Unsere heutigen industriellen Verhältnisse verlangen viel höhere Umlaufzahlen, als sie mit solchen Rädern möglich sind, und es war daher das Streben nach anderen Arten von Wasserkraftmaschinen mit höheren Umlaufzahlen schon frühzeitig ein lebhaftes.

Parallel mit der Ausbildung dieser Art von Wasserrädern ging aber noch eine andere Form. Läßt man aus einem Gefäß einen Wasserstrahl durch eine Düse gegen die Schaufeln eines Rades strömen (Abb. 8), so übt das Wasser auf jede Schaufel einen Druck oder Stoß aus. Die Wirkung des Wassers in solchen Rädern ist eine andere, als die früher beschriebene. Eine Einschränkung in der Gefällshöhe H ist nicht mehr nötig. Früher wurde diese Art von Rädern so gebaut, daß man den Wasserstrahl einfach gegen ebene Schaufelflächen stoßen ließ (Stoßräder). Der Wirkungsgrad war gering, spielte aber bei den damals geforderten kleinen Leistungen und dem Wasserüberfluß noch keine Rolle. Als man aber gezwungen wurde, mit dem Wasser sparsam umzugehen, mußte man Formen ersinnen, mit denen eine möglichst günstige Wirkungsweise des Wassers verknüpft war. Diese Radformen haben sich in der Folge als sehr entwicklungsfähig erwiesen und bilden den Ausgangspunkt für unsere modernen Turbinen.

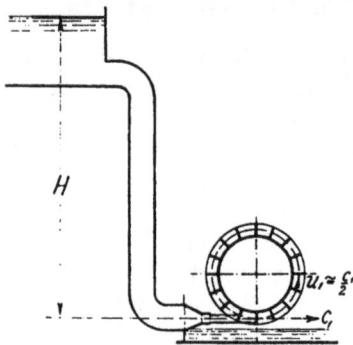

Abb. 8.

Die Wirkungsweise des Wassers in den Turbinen kann man sich etwa durch die nachfolgende Betrachtung klarmachen.

Denkt man sich von einem Wasserstrahl, der durch eine Düse aus einem gefüllten Gefäß ausströmt, ein Stück abgeschnitten, zu einer Kugel geballt und diese mit derselben konstanten Geschwindigkeit c_1 geradlinig fortbewegt, mit der das Wasser ausfließt, so kann man sich den Wasserstrahl wie früher durch eine Aufeinanderfolge von solchen Kugeln ersetzt denken. Trifft eine solche Kugel (Abb. 9) unter dem Winkel a_1 auf die Grenzfläche eines feststehenden Raumes, so wird sie im Punkte A in den Raum eintreten und ihn im Punkte B verlassen. Von Widerständen abgesehen, wird die Eintrittsgeschwindigkeit c_1 im Punkte A der Größe und Richtung nach gleich sein mit der Austrittsgeschwindigkeit c_1 im Punkte B. Setzt man in den Raum in der Richtung AB ein Rohr ein, so wird dieses von der Kugel glatt durchfolgen, ohne daß die Wände des Rohres von der Kugel berührt werden.

Bewegt sich jetzt der Raum R mit der gleichmäßigen Geschwindigkeit u_1 geradlinig fort, dann trifft die Kugel wieder den Raum im Punkte A. Sie verläßt ihn jedoch nun im Punkte B_1, weil der Raum in der Zeit, in welcher die Kugel von A nach B gekommen ist, von B nach B_1 fortschreitet. Ein im Raum R befindlicher Beobachter hat die Kugel in der Richtung AB_1 und mit der Geschwindigkeit w_1 (der Relativgeschwindigkeit) den Raum durchfliegen sehen. Setzt man in dieser Richtung w_1 wieder ein Rohr in den Raum ein, so geht auch jetzt die Kugel glatt durch das Rohr, ohne dessen Wände zu berühren.

Die Relativgeschwindigkeit w_1 setzt sich aus der Geschwindigkeit u_1 des Raumes R und der absoluten Geschwindigkeit c_1 der Kugel zusammen. Weil aber, von Widerständen abermals abgesehen, die Geschwindigkeitsdreiecke für den Ein- und Austritt kongruent sind, so ist auch

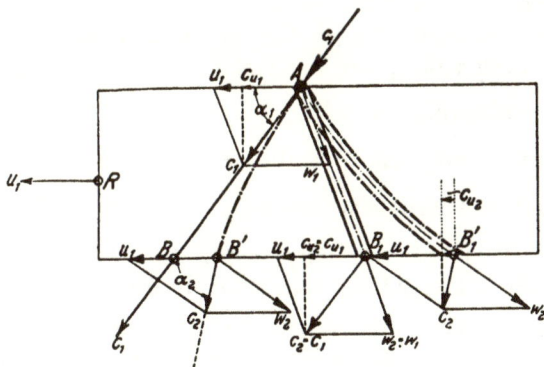

Abb. 9.

$c_1 = c_2$ und $w_1 = w_2$. Die Kugel verläßt den Raum R mit derselben Geschwindigkeit, mit welcher sie eingetreten ist. Eine Arbeitsleistung von seiten der Kugel konnte nicht auf das Rohr übertragen werden, weil die Kugel die Rohrwandungen nicht berührt hat. Ein außen stehender Beobachter hat die Kugel wie früher bei A in den Raum eintreten und bei B_1 mit derselben Geschwindigkeit austreten sehen.

Soll eine Arbeitsübertragung stattfinden, dann muß die Kugel die Rohrwandungen berühren, dadurch in der Richtung von u_1 einen Druck ausüben und dieser Druck, mit der Geschwindigkeit u_1 multipliziert, würde eine Arbeitsleistung ergeben. Ein solcher Vorgang ist bei einem geraden Rohr nur möglich, wenn das Rohr in einer gegen die Relativbahn veränderten Richtung in den Raum R eingesetzt wird. Die Kugel würde dann aber plötzlich abgelenkt, was gleichbedeutend mit einer Stoßwirkung wäre. Nun wird aber die Arbeitsleistung am größten, wenn durch Stoßwirkung nichts an der Energie verloren geht, die der Kugel, vermöge ihrer Maße und Geschwindigkeit, innewohnt. Die Kugel muß

2*

also „stoßlos" in den Raum und das Rohr bei A eintreten. Das ist wieder nur möglich, wenn das erste Element des jetzt gekrümmten Rohres in Richtung der Relativgeschwindigkeit w_1 gelegen ist. Das unter günstigen Bedingungen Arbeit aufnehmende Rohr muß also so gekrümmt werden, daß es von der Richtung der relativen Bahn beginnend, allmählich abgelenkt wird. Dann wird sich die Kugel ohne Stoß sanft an das Rohr anlegen und auf dasselbe einen Druck ausüben. Dadurch, daß die Kugel auf ihrer relativen Bahn gewaltsam von A nach B_1' abgelenkt wird, ist aber nun auch ihre absolute Bahn eine andere geworden. Sie geht jetzt von A nach B'. Von dem durch die Kugel auf das Rohr ausgeübten Druck hat aber nur diejenige Komponente für uns ein Interesse, die in der Bewegungsrichtung u_1 gelegen ist. Ihr Produkt mit u_1 gibt die von der Kugel in dem betreffenden Augenblick an das Rohr übertragene Arbeitsleistung.

Ist die Masse einer Kugel dm, die Geschwindigkeitskomponente von c_1 in Richtung von u_1 von der Größe c_{u1}, so ist der gesuchte Druck

$= $ Masse $\times$ Beschleunigung oder $\varDelta P = \dfrac{dm \cdot d c_{u1}}{d t}$, wenn dc_{u1} die Änderung der Geschwindigkeit c_{u1} in der Zeitdifferenz dt ist. Daraus ergibt

sich die gesuchte Arbeitsleistung mit $\varDelta A = dm \cdot \dfrac{d c_{u1}}{d t} \cdot u_1$. Diese Leistung ist ein Bruchteil von derjenigen, die von den hintereinander rollenden Kugeln in steter Folge auf das Rohr übertragen wird.

Die Gesamtleistung hängt offenbar von der Stärke des Wasserstromes ab, der durch das Rohr fließt, und den man nun wieder an Stelle der Kugelfolge setzen kann. Wesentlich ist dabei nur, daß sich die Masse des durchströmenden Körpers nicht ändert. Die Masse einer sekundlich durchströmenden Flüssigkeitsmenge ist aber $\dfrac{Q \cdot \gamma}{g}$, wenn Q die sekundliche Wassermenge in Raummetern, γ das spezifische Gewicht eines Raummeters und g die Erdbeschleunigung bedeutet. Hiermit ergibt

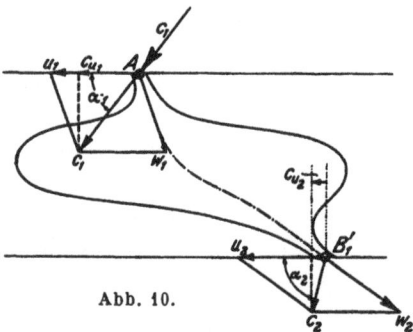

Abb. 10.

sich $\varDelta P = \dfrac{Q \cdot \gamma}{g} \cdot dc_{u1}$. Der auf einer beliebig kleinen Strecke des Rohres auf dieses ausgeübte Druck ist also gleich der sekundlichen Wassermenge mal der Änderung, die die Geschwindigkeitskomponente c_u in Richtung von u auf dieser Strecke erfahren hat. Beim Durchströmen durch das ganze Rohr verringert sich diese Komponente von c_{u1} auf c_{u2}. Der gesamte auf das Rohr ausgeübte Druck ist daher

$$P = \frac{Q \cdot \gamma}{g} (c_{u1} - c_{u2})$$

und damit die übertragene Arbeitsleistung:

$$A = P \cdot u_1 = \frac{Q \cdot \gamma}{g} (c_{u1} - c_{u2}) \cdot u_1 \text{ mkg/Sek.}$$

Hieraus ist ersichtlich, daß nur die Endwerte der Geschwindigkeit c beim Ein- und Austritt, also c_1, und c_2 von Einfluß auf die Arbeitsleistung sind. Die zwischenliegende Form des Rohres entfällt aus der Betrachtung, ist also nebensächlich. Man könnte sich daher auch (Abb. 10) das Rohr zwischen A und B'_1 von irgendeiner Form, z. B. so erweitert denken, daß die Geschwindigkeit c_1 des durchfließenden Wassers bis auf Null verzögert, und dann von Null aus auf c_2 wieder beschleunigt wird. Die Verzögerung der Geschwindigkeit c_1 auf Null erzeugt in Richtung von c_1 einen Druck $P_1 = \frac{Q \cdot \gamma}{g} \cdot c_1$, während die Beschleunigung von Null auf c_2 einen Rückdruck von der Größe $P_2 = \frac{Q \cdot \gamma}{g} \cdot c_2$ ergibt. Diese beiden Kräfte stellen somit die gesamte Kraftwirkung des abgelenkten Wasserstromes auf das Rohr dar, wie das oben abgeleitet wurde.

Von dieser Betrachtung kann man (Abb. 11) Gebrauch machen, wenn man die Verhältnisse untersuchen will, die sich beim Durchströmen eines eingesetzten Rohres einstellen, das sich um eine Achse dreht und in einer zur Drehachse senkrechten Ebene liegt.

Das Rohr $A B_1$ stelle wieder jene Lage dar, bei welcher eine Kugel „stoßlos" bei A in das Rohr mit der Geschwindigkeit c_1 eintritt, ohne Arbeit zu leisten das Rohr durchfliegt und bei B_1 mit der unveränderten Geschwindigkeit $c_2 = c_1$ das Rohr verläßt. Wird die relative Bahn von A nach B_1' gekrümmt und bewegt sich das Rohr $A B_1'$ jetzt mit der Winkelgeschwindigkeit ω um die Achse, so verläßt die Kugel, weil auch die absolute Bahn von A nach B' abgelenkt worden ist, das Rohr im Punkte B_1' mit der absoluten Geschwindigkeit c_2.

Auf das Rohr ist wieder ein Druck ausgeübt worden, dessen Drehmoment man nach obiger Betrachtung berechnen kann. Man denkt sich zunächst c_1 nach dem Eintritt wieder vollständig vernichtet. Dadurch entsteht ein linksdrehendes Moment von der Größe $M_1 = \frac{Q \cdot \gamma}{g} \cdot c_1 \cdot r_1$. Für den Austritt muß die Geschwindigkeit c_2 aber wieder neu erzeugt werden, wodurch ein rechtsdrehendes Moment von der Größe $M_2 = \frac{Q \cdot \gamma}{g} \cdot c_2 \cdot r_2$ entsteht. Der Unterschied beider Momente $M = M_1 - M_2 = \frac{Q \cdot \gamma}{g} (c_1 r_1 - c_2 r_2)$ stellt das von der durchströmenden Flüssigkeit auf das Rohr ausgeübte Drehmoment dar. Daraus ergibt sich die geleistete Arbeit

$$A = M \cdot \omega = \frac{Q \cdot \gamma}{g} (c_1 r_1 - c_2 r_2) \, \omega.$$

Weil $r_1 \omega = u_1 = u_1 \cos a_1$ und $r_2 \omega = u_2 = u_2 \cos a_2$ ist, sowie $c_1 \cdot \cos a_1$ $= c_{u1}$ und $c_2 = \cos a_2 = c_{u2}$, erhält man auch für die an das Rohr abgegebene effektive Arbeitsleistung in mkg/Sek. $A_e = \frac{Q \cdot \gamma}{g} \cdot (u_1 \cdot c_{u1} - u_2 \cdot c_{u2})$. Diese Arbeit wird der im Wasser enthaltenen Energie $A_i = \gamma \cdot Q \cdot H$ n.kg/Sek. entnommen.

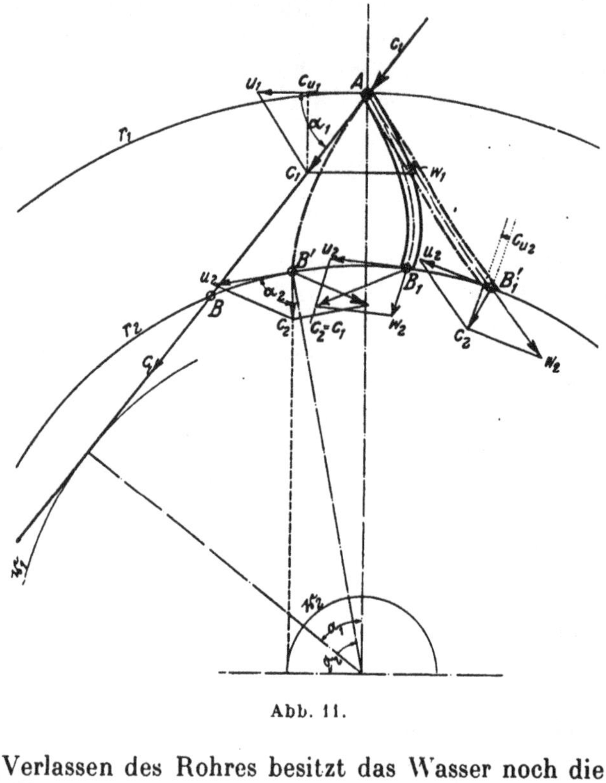

Abb. 11.

Beim Verlassen des Rohres besitzt das Wasser noch die Geschwindigkeit c_2, die wegen der Arbeitsentnahme kleiner ist als c_1. Die Geschwindigkeit c_2 ist aber für die Arbeitsübertragung auf das Rad verloren. Man wird daher c_2 so klein als möglich machen und bezeichnet den damit verbundenen Verlust, der den Wert $\gamma \cdot Q \cdot \frac{c_2^2}{2g}$ annimmt, als den „Austrittsverlust".

Ein weiterer unvermeidbarer Verlust entsteht durch die Reibung der Flüssigkeit an den Rohrwänden. Wegen aller dieser Verluste ist die völlige Ausnutzung der theoretisch vorhandenen Energie A_i nicht möglich, sondern es kann nur ein Bruchteil ε davon gewonnen werden, wobei ε kleiner als 1 ist. Es ist also $\varepsilon \cdot A_i = A_e$ oder $\varepsilon = \dfrac{A_e}{A_i}$, welcher Wert 0,8 bis 0,9 beträgt. Damit wird

$$\frac{Q \cdot \gamma}{g}\,(u_1 c_{u1} - u_2 c_{u2}) = \varepsilon \cdot Q \cdot \gamma \cdot H$$

oder
$$u_1 c_{u1} - u_2 c_{u2} = \varepsilon g H.$$

Diese Gleichung nennt man auch die (schon von Euler abgeleitete) „Arbeitsgleichung" der Turbine, weil sie die in 1 kg bewegten Wassers enthaltene Arbeitsmenge angibt und aussagt, daß die auf die Turbinenkanäle übertragene Arbeit nicht größer sein kann, als die ursprünglich im Wasser enthaltene Energie.

In einem Turbinenlaufrad sitzt ein Rohrkanal dicht neben dem andern, so daß der ganze Umfang mit solchen Kanälen besetzt ist. Um den zur Verfügung stehenden Austrittsquerschnitt günstig auszunutzen und die Austrittsgeschwindigkeit c_2 (Verlust, siehe oben) möglichst klein zu halten, konstruiert man meistens so, daß das Wasser das Laufrad senkrecht zur Austrittsfläche verläßt, also $a_2 = 90^0$ wird. Man macht somit den Wert $c_{u2} = 0$ und die Arbeitsgleichung geht für diesen Fall über in:

$$u_1 \cdot c_{u1} = \varepsilon \cdot g \cdot H,$$

wobei $c_{u1} = c_1 \cdot \cos a_1$ ist.

Die Erfahrung lehrt nun, daß ε eine Zahlengröße ist, die nur in verhältnismäßig engen Grenzen schwankt, also bei ein und derselben Turbine jedenfalls als nahezu konstant anzusehen ist. Für ein und dasselbe Gefälle H ist daher $u_1 c_{u1} = c_1 \cdot u_1 \cdot \cos a_1 = g \cdot \varepsilon \cdot H \curvearrowright$ konstant, d. h. bei ein und demselben Winkel a_1 wird u_1 um so kleiner, je größer c_1 wird. c_1 ist aber die absolute Eintrittsgeschwindigkeit des Wassers in die laufende Radzelle. Denkt man sich das ganze, überhaupt zur Verfügung stehende Gefälle H darauf verwendet, um die Geschwindigkeit c_1 zu erzeugen (Abb. 8), so wird sie mit $c_1 = \sqrt{2gH}$ ihren Höchstwert erreichen. Hierbei wird also u_1 am kleinsten:

$$u_{1\,min} \curvearrowright \frac{g\,\varepsilon\,H}{\cos a_1 \sqrt{2g H}}\,.$$

a_1 ist meistens ein kleiner Winkel, dessen cos wenig von 1 verschieden ist. Setzt man daher $\dfrac{\varepsilon}{\cos a_1} \curvearrowright 1$, was von der Wahrheit wenig abweicht, so erhält man

$$u_{1\,min} \curvearrowright \frac{g\,H}{\sqrt{2\,g\,H}} \quad \text{oder} \curvearrowright \frac{1}{2}\sqrt{2gH} \curvearrowright \frac{c_1}{2},$$

d. h. die kleinste überhaupt erreichbare Umfangsgeschwindigkeit u_1 ist gleich der halben absoluten Eintrittsgeschwindigkeit c_1. Damit ist für diese Turbinengattung aber auch der Durchmesser des Laufrades D_1 bestimmbar, wenn die minutliche Umdrehungszahl n (z. B. durch eine Dynamomaschine) gegeben ist und umgekehrt, denn:

$$\frac{\pi \cdot D_1 \cdot n}{60} = u_{1\,min} \sim \frac{1}{2} \sqrt{2gH} \sim 2{,}21 \sqrt{H}.$$

Da diese Radgröße einer Turbine mit der geringstmöglichen Umfangsgeschwindigkeit, also auch mit der relativ kleinsten Umdrehungszahl entspricht, wird diejenige Turbinenart der diese Abmessungen zugrunde gelegt werden, ein ausgesprochener „Langsamläufer" sein müssen. Die oben angewendeten Vereinfachungen, die den tatsächlichen Verhältnissen nicht immer ganz entsprechen, bedingen, daß für die in Rede stehenden Turbinen mit geringster Umlaufszahl in Wirklichkeit ungefähr gilt:

$$c_1 = 0{,}95 \sqrt{2gH} = 4{,}21 \sqrt{H}$$
$$u_1 = 0{,}45 \sqrt{2gH} = 2{,}00 \sqrt{H}.$$

Entfernt man sich von diesen Größen in der Art, daß u_1 größer wird, dann muß c_1 kleiner werden, denn das Produkt beider ist nach der Turbinengleichung immer eine nahezu konstante Größe. Wird aber u_1 größer, dann erhält man bei derselben Radgröße eine höhere Umdrehungszahl, also eine größere „Schnelläufigkeit". Mit zunehmender Schnelläufigkeit nimmt aber c_{u1} ständig ab, d. h. auch die absolute Eintrittsgeschwindigkeit muß mit wachsender Schnelläufigkeit abnehmen.

Diese Verhältnisse bleiben dieselben auch dann, wenn man sich von den bisher üblichen Turbinenarten entfernt und auf die später erwähnten sogen. „Propeller"-turbinen übergeht. Es ist dafür lediglich die noch höhere „Schnelläufigkeit" entscheidend, die veränderte Annahme bedingt.

Turbinenarten und deren Aufstellung.

Bei den tatsächlichen Ausführungen an Turbinen, die der Gattung der größten Langsamläufer entsprechen, ist das Gefälle meistens ziemlich groß. Die Zuleitung des Wassers zur Turbine erfolgt dann mit einer Rohrleitung, an deren Ende eine Düse gesetzt wird, durch die ein im Querschnitt rechteckiger oder kreisrunder Wasserstrahl ausströmt und das Laufrad beaufschlagt.

Die im Querschnitt verstellbar eingerichtete Düse wird auch der „Leitapparat" der Turbine genannt. Da aus den Düsen ein allseitig freier Wasserstrahl dem Laufrade zuströmt und sich auf den Schaufelflächen dort weiter uneingeschränkt entwickeln kann, nennt man die ganze Turbinengattung auch „Freistrahlturbinen".

Bei den rechteckigen Strahlquerschnitten wird im Leitapparat durch Verstellung einer oder zweier gegenüberliegender Rechteckseiten die Wassermenge verändert. Diese Einrichtungen sind hauptsächlich in der Schweiz ausgebildet worden.

Die Verstellung einer Rechteckseite hat aber konstruktive Nachteile, denn sie ist mit Wasserverlusten verbunden, die mit zunehmendem Druck und namentlich bei unreinem Wasser (Gletscherwasser) immer größer werden.

Bei den kreisrunden Strahlen wird konzentrisch in die Düse eine sogenannte „Nadel" eingesetzt, durch deren achsiale Verschiebung der Wasserzufluß geregelt wird. Die Ausbildung von Düse und Nadel muß in diesem Falle so erfolgen, daß der im Innern der Düse ringförmig

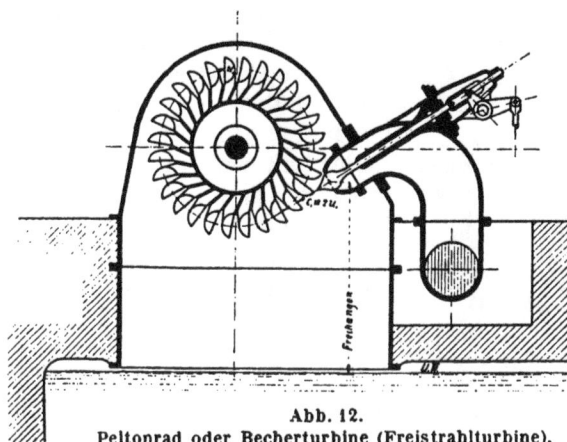

Abb. 12.
Peltonrad oder Becherturbine (Freistrahlturbine).

gestaltete Wasserquerschnitt sich nach dem Ausströmen an der Nadelspitze zu einem vollen und glatten Wasserstrahl von kreisförmigem Querschnitt zusammenschließt. Freistrahlturbinen mit dieser Ausrüstung stammen aus Amerika und werden nach ihrem ersten Konstrukteur „Pelton"-Räder genannt. (Abb. 12.)

Düse und Nadel haben den Vorteil, daß nun die Regulierung der Wassermenge ohne Wasserverluste und konstruktiv sehr einfach durchgeführt werden kann.

Die Schaufeln des Laufrades, die in diesem Falle auch Becher heißen (wonach der Name „Becherturbinen"), müssen so gebildet sein, daß der Wasserstrahl stoßlos eintritt, seine Arbeit an die Schaufeln möglichst vollkommen abgibt und mit einer entsprechend kleinen absoluten Geschwindigkeit c_2 die Schaufeln wieder verläßt, ohne die vorhergehenden Schaufeln irgendwie schädlich berührt zu haben.

Ihre Form (Abb. 13) hat im Laufe der Zeit mannigfache Abänderung erfahren.

Theoretisch würde es natürlich am günstigsten sein, wenn die absolute Austrittsgeschwindigkeit $c_2 = $ Null wird, da dann die ganze Druckhöhe H in den Schaufeln nutzbringend verwendet würde. Praktisch ist dies nicht ausführbar. Das Wasser muß die Schaufeln mit einer endlichen Geschwindigkeit c_2 verlassen können. Hierdurch wird der „Austrittsverlust" bedingt, der oben schon mit $\gamma Q \dfrac{c_2{}^2}{2g}$ angegeben wurde. Auf das Gefälle bezogen, beträgt dieser unvermeidliche Verlust bei den Freistrahlturbinen etwa 0,02 bis 0,03 H.

Abb. 13. Laufrad (Becherturbine).

Der Wasserstrahl tritt allseitig frei in das Laufrad ein und wird dort nur an einer Seite von der Schaufelfläche begrenzt. Auf allen anderen Seiten ist er mit Luft umgeben und tritt vollkommen frei wieder aus. Durch diese Art der Wirkungsweise ist bedingt, daß die Laufräder der Freistrahlturbinen sich stets über dem Unterwasser befinden müssen und niemals ins Wasser eintauchen dürfen, da sonst das umgebende Wasser die freie Entwicklung des Wasserstrahles auf der Schaufelfläche stören würde. Der Betrag dieses sogenannten „Freihängens" d. i. der Abstand zwischen Düsenmündung und dem Unterwasserspiegel, (Abb. 12 und 55) muß aber auf das geringste Maß eingeschränkt werden, denn da das aus den Schaufeln austretende Wasser diese Höhe durchfällt, ohne Arbeit zu leisten, ist das Freihängen gleichbedeutend mit einem gleichgroßen Gefällsverlust. Daraus geht hervor, daß Freistrahlturbinen immer möglichst dicht über dem höchsten Unterwasserspiegel aufgestellt werden müssen. Die Stellung dieser Turbinen und damit die Lage des Turbinenhauses zum Unterwasserspiegel sind hierdurch eindeutig festgelegt.

Ob die Turbinen mit horizontalen oder vertikalen Achsen ausgeführt werden, ist für die Wirkungsweise des Wassers in den Turbinen gleichgültig und richtet sich nach konstruktiven Einzelheiten, dem verfügbaren Platz, der Beschaffenheit des Baugrundes, sowie dem Zweck der Anlage. Die Entscheidung über die günstigste Aufstellungsart der Turbinen ist darum in Verbindung mit dem Turbinenbauer zu treffen.

Nach der Entwicklung des Turbinenbaues in den letzten Jahrzehnten ist anzunehmen, daß unter den Freistrahlturbinen diejenigen mit kreisrundem Wasserstrahl (nach Pelton) wegen ihrer Einfachheit in konstruktiver Hinsicht schließlich allein das Feld behaupten werden.

Mit einer durch äußere Umstände gegebenen Umlaufzahl der Turbine und der durch das Gefälle bedingten Umfangsgeschwindigkeit $u_1 \sim 0,45 \sqrt{2\,g\,H} \sim 2,00\,\sqrt{H}$, war der Durchmesser D_1 des Laufrades bestimmbar. Nun kann es vorkommen, daß bei gegebenen hohen Umlaufzahlen n der Laufraddurchmesser $D_1 = \dfrac{60 \cdot u_1}{\pi \cdot n}$ so klein wird, daß das Verhältnis zwischen dem Durchmesser des Wasserstrahles d_0 und dem

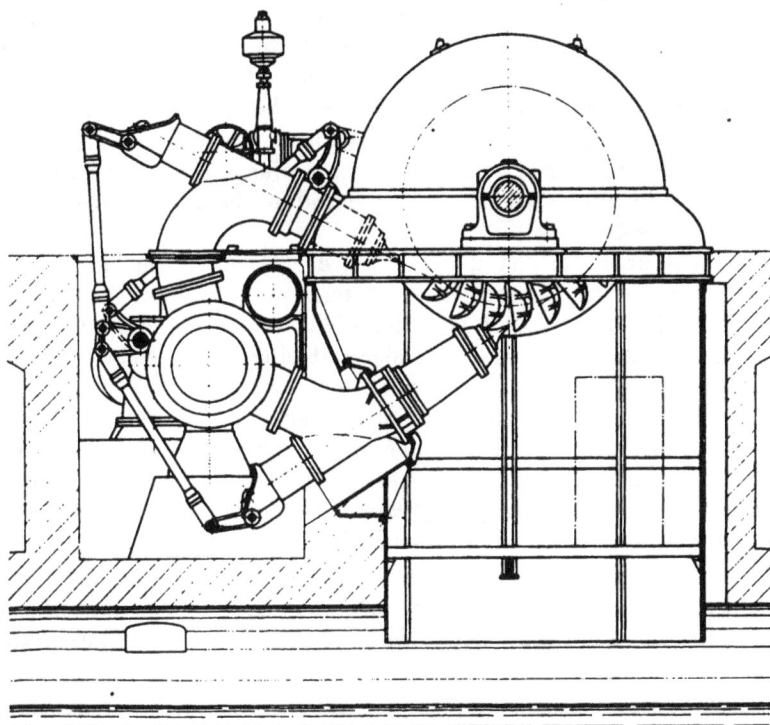

Abb. 14. Becherturbine mit 2 Düsen (Voith).

Laufraddurchmesser D_1 den Wert $\dfrac{d_0}{D} = {}^1/_{10}$ bis ${}^1/_8$ überschreitet. In der Praxis des Turbinenbaues hat es sich aber herausgestellt, daß die Wirkungsgrade solcher Turbinen dann anfangen rasch zu sinken. Man wird daher Laufraddurchmesser, die sich kleiner als das Acht- bis Zehnfache des Strahldurchmessers ergeben, nicht mehr ausführen. Will oder kann man aber die Umdrehungszahl nicht ändern, was namentlich bei direkter Kupplung mit elektrischen Generatoren der Fall ist, so bleibt nichts anderes übrig, als die Wassermenge zu teilen und statt eines Wasserstrahles deren **zwei** oder **mehrere** auf den Umfang des Laufrades wirken zu lassen. (Abb. 14.)

Hat man die Wassermenge auf i-Strahlen verteilt, dann erhält jeder Strahl die Wassermenge von $Q_i = \dfrac{Q}{i}$. Der Strahldurchmesser wird dann

$d_{0i} = \dfrac{d_0}{\sqrt{i}}$. Damit wird der Raddurchmesser im selben Verhältnis kleiner oder die Umdrehungszahl steigt auf das $\sqrt{i}$-fache.

Man hat nur darauf zu achten, daß die in das Laufrad ein- und austretenden i Wasserstrahlen aus den einzelnen Düsen sich gegenseitig nicht stören. Zu diesem Zwecke müssen die Düsen auf dem Umfange des Laufrades in entsprechender Entfernung verteilt werden.

Mit der Zahl der Düsen machen sich aber die konstruktiven Schwierigkeiten, bei der Zugänglichkeit zum Laufrad und bei der Regulierung, mehr geltend. Mehr als 2 Düsen auf dem Umfange eines Laufrades anzuordnen, wird darum meistens vermieden und nur bei senkrechter Achslage verwendet man 4 Düsen.

Da aber über die Art der Teilung der Wassermenge in i Strahlen keinerlei Vorschriften bestehen, kann man auch zu dem Aushilfsmittel greifen und 2 oder gar 3 Laufräder dicht nebeneinander auf dieselbe Achse setzen und jedes der Laufräder mit einer entsprechenden Anzahl von Düsen beaufschlagen. Aber auch da häufen sich die konstruktiven Schwierigkeiten so, daß man noch nicht über 3 Laufräder auf derselben Achse mit zusammen 6 Düsen gekommen ist. (Schwarzenbachwerk.) Immerhin ist aber dadurch eine Verminderung des Strahldurchmessers d_{0i} auf $\sqrt{1/6} = 0 \cdot 4$ des ursprünglichen und also eine wesentliche Steigerung der Umdrehungszahl auf das $2 \cdot 5$ fache möglich.

Werden die Wassermengen noch größer und kann man mit der Umlaufzahl nicht herabgehen, dann verläßt man heute die Freistrahlturbine überhaupt und geht zur Francisturbine über, wie das später auseinandergesetzt wird.

Es finden sich aber heute noch allerlei Zwischenglieder in Verwendung, die darin bestehen, daß man mehrere Wasserstrahlen von rechteckigem Querschnitt dicht aneinander reiht und damit das laufende Rad beaufschlagt, wie das bei den mit horizontaler Achse angeordneten Turbinen (Abb. 15 und 16) der Fall ist. Weil man hierbei nur einen Teil des Laufradumfanges mit Wasser versieht, heißen diese Freistrahlturbinen auch „Partial-Turbinen" zum Unterschiede von den „Voll-Turbinen", bei denen der ganze Umfang des Laufrades mit Wasser beaufschlagt wird.

Auch bei den Freistrahlturbinen ist es natürlich möglich, das laufende Rad auf dem ganzen Umfange zu beaufschlagen und damit eine Vollturbine zu erhalten, die immer noch Freistrahlturbine ist, wie dies schon **Girard** getan hat. Diese Turbinenart hat sogar in Europa eine Zeitlang eine größere Rolle gespielt und einzelne Exemplare befinden sich noch im Betriebe. Da aber auch diese Turbinen nicht ins Unterwasser eintauchen dürfen, ist ihre Lage und damit die Gefällsausnutzung bei schwankendem Unterwasser, namentlich bei an sich kleinen Gefällen, recht ungünstig. Wesentlich für alle Freistrahlturbinen ist es aber, daß im Leitapparat bereits das ganze Gefälle H zur Erzeugung der Geschwindigkeit $c_1 \sim \sqrt{2gH}$ aufgebraucht, also $u_1 \sim {}^1/_2 c_1 \sim 2,0 \sqrt{H}$ gemacht werden muß. An der Stelle, wo das Wasser aus dem Leitrade in das laufende Rad übertritt, ist also kein Druck mehr vorhanden. Der Wassereintritt in das laufende Rad erfolgt „drucklos", die Freistrahlturbinen werden darum auch „drucklose" Turbinen genannt.

Nach der Arbeitsgleichung $c_1 u_1 \cos \alpha_1 = \varepsilon g H$ muß es aber auch möglich sein, c_1 kleiner zu halten, als es der ganzen zur Verfügung stehenden Druckhöhe H entspricht, also kleiner als $\sqrt{2gH}$. Da aber $c_1 \cdot u_1 \cdot$

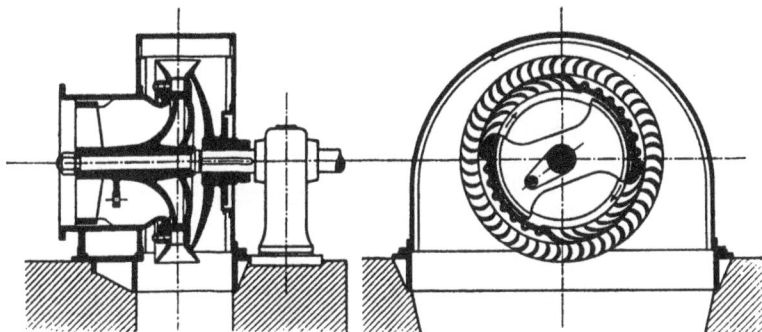

Abb. 15.   Abb. 16.
Partial-(Freistrahl-)Turbine (Piccard & Pictet).

$\cos \alpha_1 \sim$ konst. ist, muß dann (bei gleichem Winkel α_1) die Umfangsgeschwindigkeit u_1 größer werden. Man erzielt also unter sonst gleichen Verhältnissen, eine größere Umlaufzahl, also auch eine größere „Schnelläufigkeit" der Turbinen, wenn $c_1 < \sqrt{2gH}$ wird. Nutzt man aber zur Erzeugung von c_1 nicht die ganze Gefällshöhe H aus, dann muß der Rest als Druckhöhe beim Übertritt des Wassers aus dem Leitapparat (oder nun dem „Leitrade") ins laufende Rad — im Spalt s zwischen beiden (Abb. 17) — noch vorhanden sein. Man nennt diesen Druck dort daher „Spaltdruck". Seine Größe ist $h_s = H - \dfrac{c_1^2}{2g} - \xi \dfrac{c_1^2}{2g}{}^{*)}$, wenn mit der letzten Größe alle Verluste gekennzeichnet werden, die vom Oberwasserspiegel bis zum Wasseraustritt aus dem Leitapparat vorhanden sind. Der Spaltdruck macht sich als ein Überdruck gegenüber der Umgebung

---

*) Auch Spaltüberdruck, wenn von dem Druckverlust bzw. Gewinn im Saugrohr abgesehen wird.

des Spaltes bemerkbar und diese Turbinen heißen darum auch „Überdruck"-Turbinen, zum Unterschiede von den früher betrachteten
drucklosen oder Freistrahlturbinen, bei denen ein solcher Überdruck
nicht vorhanden ist.

Der Überdruck bedingt aber auch, daß aus dem Spalt Wasser austritt, ohne Arbeit zu leisten, und man wird daher bestrebt sein müssen,
diesen Wasserverlust so klein als möglich zu halten. Der Spalt σ wird
daher so klein (etwa 1 bis 2 mm) ausgeführt, als es die Werkstattechnik
nur immer zuläßt. Man versucht auch durch besondere Hindernisse dem
Wasser den Austritt aus dem Spalt zu erschweren.

Endlich muß die Turbine des Überdrucks wegen vollständig um-
hüllt und in ein Gehäuse eingeschlossen werden.

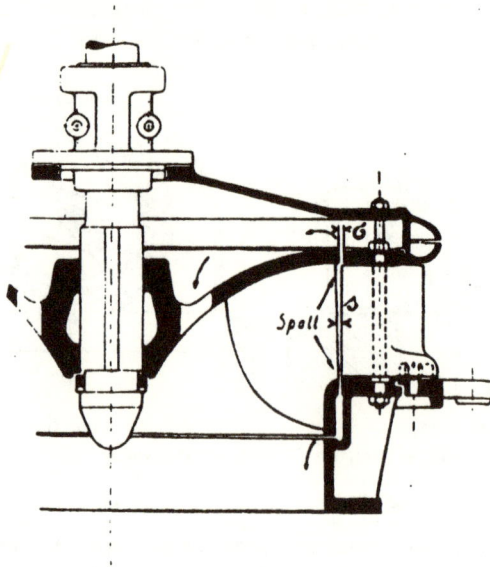

Abb. 17.

Der vorhin erwähnte Spalt σ wird auch „Kranzspalt" genannt,
denn der winzige Abstand von 1 bis 2 mm ist nur zwischen der festen
Leitradwange und dem Kranz des bewegten Laufrades notwendig. Der
Abstand des Endes der Leitschaufeln vom Beginn der Laufschaufeln,
„der Schaufelspalt s" (Abb. 17) kann ohne schädliche Folgen viel größer
gemacht werden, ja es gibt Turbinen, bei denen der Schaufelspalt eine
ganz beträchtliche Größe besitzt. Man hat also immer zwischen dem
stets sehr empfindlichen und darum klein zu haltenden Kranzspalt σ
und dem unempfindlichen Schaufelspalt s zu unterscheiden.

Man kann das Leitrad als einen zylindrischen Kranz ausbilden,
diesen über das Laufrad legen und dem Wasser einen zur Turbinenachse

parallelen Weg vorschreiben, „Achsialturbinen" ausbilden, oder das Leitrad entweder konzentrisch innen oder außen um das sich drehende Laufrad legen, also einen r a d i a l e n Zufluß des Wassers zum laufenden Rade von i n n e n oder von a u ß e n erzielen. Die R a d i a l -Turbine ist im ersten Falle eine solche mit „innerer", im letzten eine solche mit „äußerer" Beaufschlagung.

Letztere Ausführungsformen sind in größerem Umfange zuerst von J. B. F r a n c i s in Lowell U. S. A. durchgebildet worden, heute fast ausschließlich gebräuchlich und werden noch jetzt „F r a n c i s "-Turbinen genannt, obwohl die heutigen Ausführungen sich von den damaligen in vielen Einzelheiten ganz wesentlich unterscheiden.

Da alle Zellen des Laufrades vollständig mit Druckwasser gefüllt sind, kann jetzt das Laufrad ohne Schaden im Wasser laufen, also auch ins Unterwasser eintauchen, was natürlich auch bei anderen Systemen von „Überdruck"-Turbinen möglich ist.

Der Abfluß des Wassers aus dem Inneren des Laufrades läßt sich bei der äußeren Radial-Turbine aber ganz zwanglos in einem Rohr zusammenführen, das im Unterwasser mündet und nun als „Saugrohr" ausgebildet werden kann. Bei keinem der früher genannten Turbinensysteme ist diese Anordnung so leicht durchführbar und dieser Umstand hat daher auch wesentlich zur großen Verbreitung der Francisturbinen mit beigetragen. Freilich erfolgt der Austritt des Wassers aus der Turbine dann nicht mehr radial, sondern achsial. Die heutige Ausführungsform der Francisturbine muß daher als eine solche mit radialem Eintritt und achsialem Austritt (nach einem gemischten System also) aufgefaßt werden.

Es ist früher gezeigt worden, daß wenn das Wasser das Laufrad mit der absoluten Geschwindigkeit c_2 verläßt, die Größe $Q \cdot \gamma \cdot \dfrac{c^2}{2g}$ den hierdurch auftretenden Austrittsverlust darstellt. Mit einem schlanken, konisch nach unten erweiterten Saugrohr ist es nun möglich, die Wassergeschwindigkeit beim Austritt aus dem Saugrohr kleiner zu halten, als beim Eintritt. Dadurch wird aber der Austrittsverlust geringer, also der Wirkungsgrad der Turbine größer. Man kann das Wasser mit verhältnismäßig großer Geschwindigkeit aus dem Laufrade in ein konisch erweitertes Saugrohr entlassen und trotzdem die Energie wieder nutzbar machen, wenn nur dem Saugrohr eine zweckentsprechende Form gegeben wird. Die Anordnung des Saugrohres hat überdies den großen Vorteil, daß die Turbine w a s s e r f r e i aufgestellt werden kann, also für Ausbesserungen und Beaufsichtigung zugänglich ist, und daß bei stark schwankenden Unterwasserspiegeln das ganze eben vorhandene, also auch wechselnde Gefälle stets voll ausgenutzt werden kann. Auch das ist ein Grund für die weite Verbreitung der Francisturbine.

Ursprünglich hat man das Saugrohr als konisches Guß- oder Blechrohr ausgeführt. Bei sehr kleinen Gefällen aber wird das Saugrohr dann so kurz, daß man es nicht mehr mit gutem Erfolg schlank konisch machen kann. Aus diesem Grunde wurde das Saugrohr aus der senkrechten Lage umgebogen und wagerecht weiter geführt (Abb. 22). Alsdann ist es möglich, das Saugrohr selbst bei langsamer Querschnittzunahme genügend lang zu machen. Die Ausführung muß dann aber in Beton geschehen.

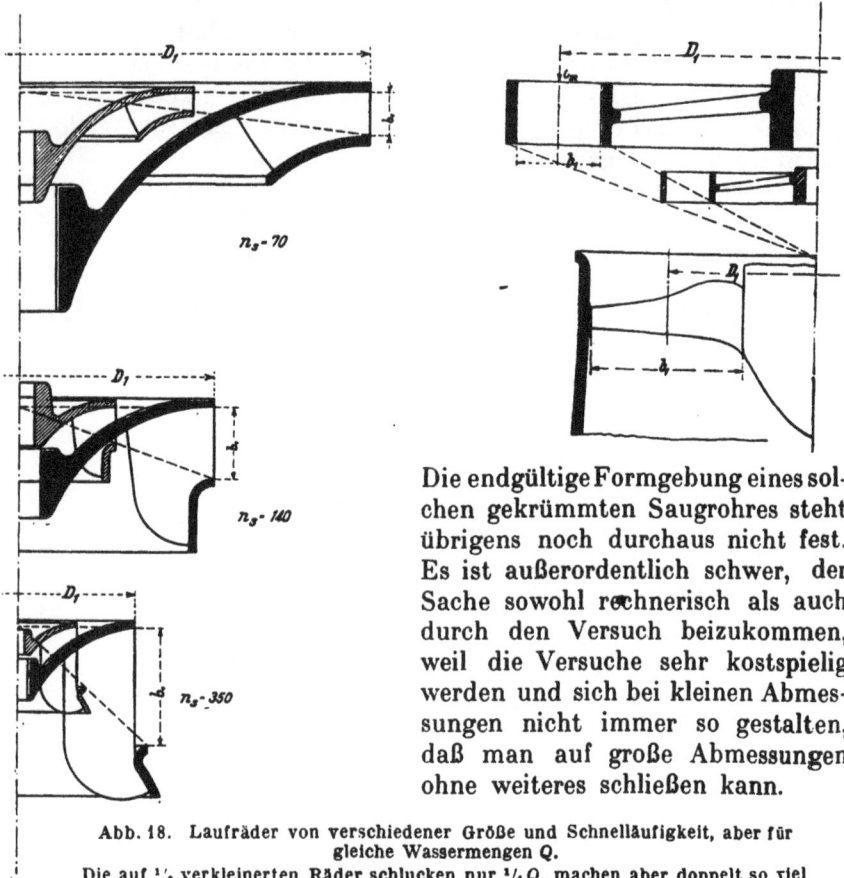

Die endgültige Formgebung eines solchen gekrümmten Saugrohres steht übrigens noch durchaus nicht fest. Es ist außerordentlich schwer, der Sache sowohl rechnerisch als auch durch den Versuch beizukommen, weil die Versuche sehr kostspielig werden und sich bei kleinen Abmessungen nicht immer so gestalten, daß man auf große Abmessungen ohne weiteres schließen kann.

Abb. 18. Laufräder von verschiedener Größe und Schnelläufigkeit, aber für gleiche Wassermengen Q.
Die auf $\frac{1}{2}$ verkleinerten Räder schlucken nur $\frac{1}{4}Q$, machen aber doppelt so viel Umdrehungen wie die großen.

Je mehr man von der zur Verfügung stehenden Druckhöhe H als Überdruck behält, je kleiner man also in der Arbeitsgleichung c_{u1} und damit c_1 macht, desto größer wird die gleichzeitige Umfangsgeschwindigkeit u_1 also auch die Umdrehungszahl der Turbine. Mit wachsender Umfangsgeschwindigkeit u_1 werden aber die Geschwindigkeiten des Wassers relativ zur Schaufel und damit auch die Reibungsverluste rasch größer, der Wirkungsgrad wird also kleiner. Wie die Verhältnisse heute liegen, geht man darum mit c_1 selten unter $0,54 \sqrt{2\,g\,H}$. Dementsprechend wird unter normalen Verhältnissen $u_1 = 0,96 \sqrt{2gH}$. Hiermit wäre der sogenannten Schnelläufigkeit der Francisturbinen eine obere Grenze gezogen. Wie später gezeigt werden soll, ist indessen das Bestreben nach größerer Schnelläufigkeit so groß, daß man sich damit nicht begnügt hat und darum zu ganz neuen Turbinenformen gekommen ist.

Zwischen den schnellaufenden Turbinen mit großem Überdruck und der langsam laufenden Freistrahl-Vollturbine mit dem Überdruck O sind natürlich alle möglichen Zwischenstufen ausführbar.

Ebenso wie bei den Freistrahlturbinen wird bei einem bestimmten Gefälle die Umdrehungszahl der Turbine umso größer, je kleiner der Laufraddurchmesser ist (Abb. 18). Nun kann man auch hier über ein bestimmtes Verhältnis von b_1 zu D_1 nicht hinausgehen, Abb. 19 und 20,

Abb. 19. Francis-Langsamläufer.　　　　Abb. 20. Francis-Schnelläufer.

ohne das Wasser durch den engen Austrittsquerschnitt mit einer zu großen absoluten Geschwindigkeit c_2 ins Saugrohr zu entlassen. Es macht dann Schwierigkeiten die große Austrittsgeschwindigkeit c_2 in einem konischen Saugrohr wieder nützlich zu verwerten. Wenn man dieses Verhältnis erreicht hat und mit der Umdrehungszahl noch weiter hinaufgehen muß, dann bleibt auch hier nichts anderes übrig, als die vorhandene Wassermenge auf mehrere, i Laufräder zu verteilen und diese auf dieselbe Achse zu setzen. Jedes Laufrad hat dann nur einen Bruchteil der vorhandenen Wassermenge $Q_i = \dfrac{Q}{i}$ zu verarbeiten, wodurch das Verhältnis $\dfrac{b_1}{D_1}$ wieder günstiger und die Umdrehungszahl auf das $\sqrt{i}$ fache erhöht wird. Solche Turbinen mit 2 Laufrädern nennt man Zwillings-Turbinen. Man kann aber auch 2 oder selbst 3 Zwillinge auf dieselbe Achse setzen und dadurch die Drehzahl des ganzen Turbinensystems auf das $\sqrt{2} = 1{,}4$ bis $\sqrt{6} = 2{,}45$ fache erhöhen. Jedes einzelne Laufrad erhält den kleineren Durchmesser $D_{1i} = \dfrac{D_1}{\sqrt{i}}.$

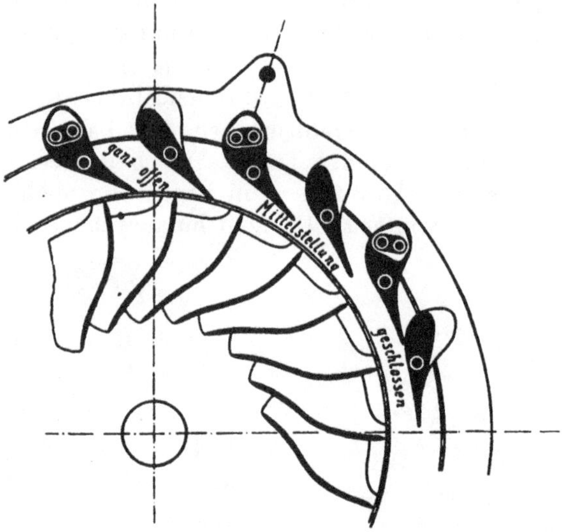

Abb. 21. Drehbare Leitschaufeln (Voith).

Was die Regelung der Wasserzufuhr anbelangt, so werden heute hierfür fast nur noch drehbare Leitschaufeln angewendet. Diese schon von Prof. Fink in Berlin[1]) stammende Konstruktion hat sich, solange das

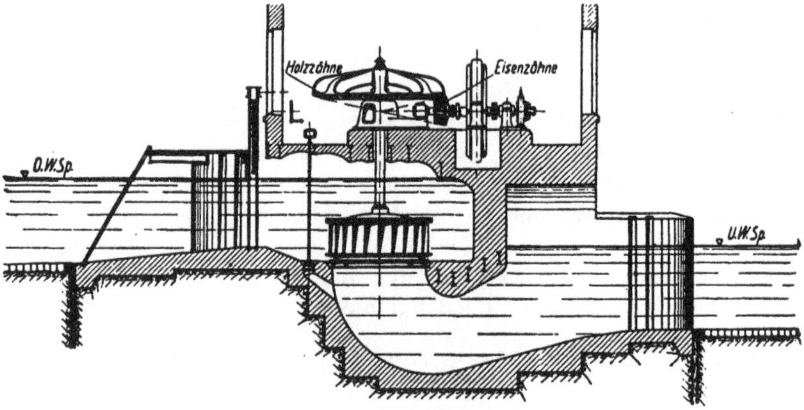

Abb. 22. Vertikale Francisturbine mit Zahnradübersetzung.

[1]) Theorie und Konstruktion der Brunnenanlagen, Kolben und Zentrifugalpumpen, der Turbinen usw. von C. Fink, Berlin 1878.

Bedürfnis nach einer exakten Regulierung der Turbinen noch nicht so lebhaft war wie jetzt, keine Geltung verschaffen können. Die Amerikaner haben meistens einen zylinderförmigen Schieber benutzt, der im Spalt zwischen Leitung und Laufrad eingeschoben wurde. Es ist das Verdienst der deutschen Firma J. M. Voith in Heidenheim, die Tauglichkeit der drehbaren Leitschaufeln für eine exakte Turbinenregulierung bei der Francisturbine frühzeitig erkannt und in konstruktiver Hinsicht zu einer Vollendung gebracht haben, (Abb. 21), die nun in der alles beherrschenden Stellung dieser Konstruktion zum Ausdruck kommt und von den Amerikanern rückhaltlos angenommen worden ist. Größere konstruktive Verschiedenheiten bestehen nur mehr in der Art, wie die drehbaren Leitschaufeln angefaßt werden. Wenn die Drehschaufeln durch Lenker oder

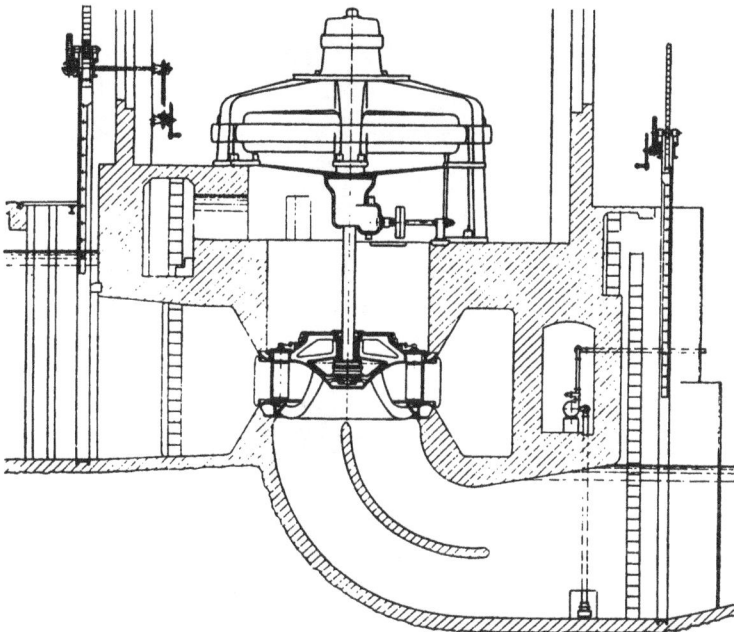

Abb. 23. Vertikale Francisturbine, größere Ausführung (Voith).

Hebel angefaßt werden, die außerhalb des Wassers, also sichtbar liegen, spricht man auch von einer „Außenregulierung".

Die Achse der Turbinen kann man vertikal (Abb. 22 und 23) oder horizontal (Abb. 24) legen. Erstere Aufstellung ist bei kleinen Gefällen und stark schwankendem Unterwasserspiegel nicht zu umgehen, sie ist aber in vieler Hinsicht unbequem, da die Kuppelung mit anderen Maschinen und die Zugänglichkeit zur Turbine erschwert werden. Man schaltet daher vielfach ein Vorgelege mit konischen Rädern dazwischen

3*

und gewinnt damit zugleich eine durch die Räderübersetzung bedingte höhere Umdrehungszahl z. B. des elektrischen Generators. Auch Stirnräder nach Art derjenigen bei den Dampfturbinen sind zur Übersetzung

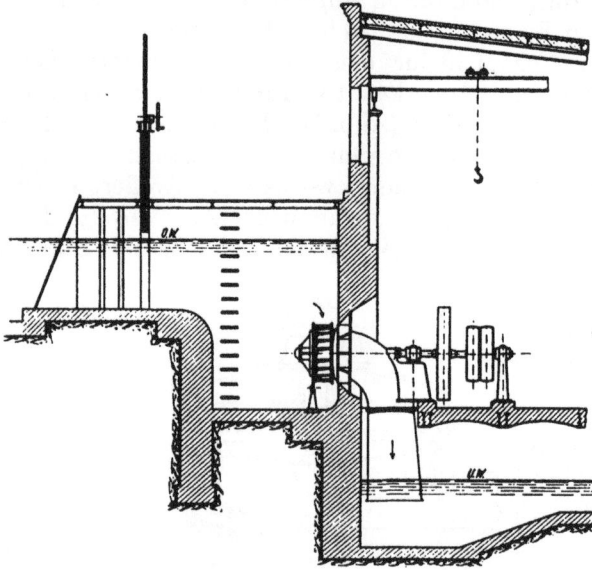

Abb. 24. Horizontale Schachtturbine (Voith).

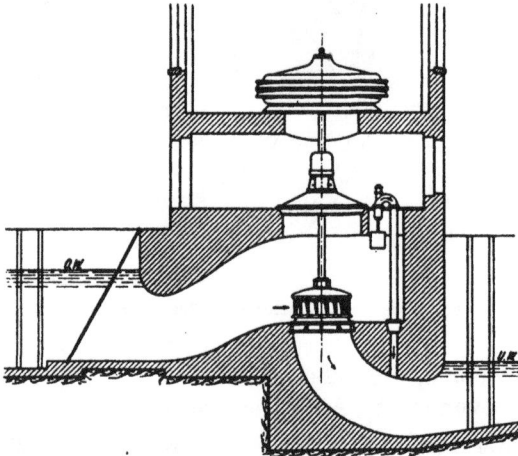

Abb. 25. Vertikale Heberturbine (Escher, Wyß & Co.).

verwendet worden, doch kann man auch bei diesen über eine bestimmte Leistung und Übersetzung nicht hinauskommen. Räder aber sind vielfach überhaupt unbeliebt.

Erst in neuester Zeit sind sogenannte Heberturbinen (Abb. 25 u. 26)
ausgebildet worden, bei denen durch die Herstellung eines Vakuums
direkt über der Turbine das Wasser so hochgezogen werden kann, daß

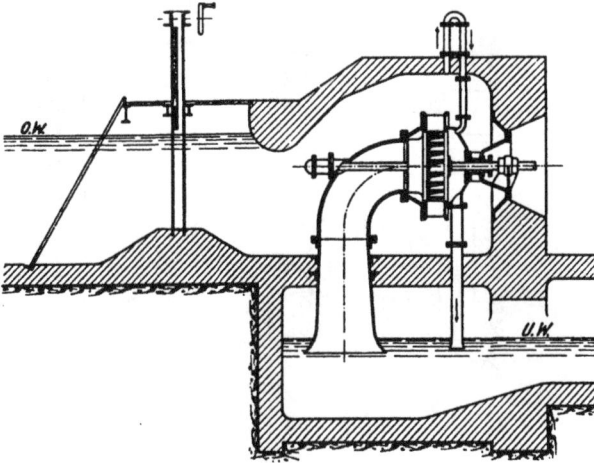

Abb. 26. Horizontale Heberturbine (Voith).

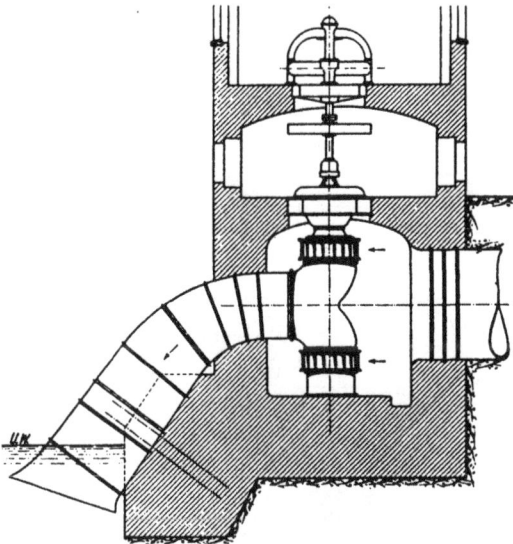

Abb. 27. Vertikale Zwillingsturbine (Voith).

es den Raum über der Turbine ganz ausfüllt. Solche Turbinen gestatten
auch bei verhältnismäßig kleinen Gefällen noch eine wasserfreie Aufstellung der Turbine, ohne daß diese Luft schlucken kann. Davor muß
man sich aber besonders hüten, weil der Wirkungsgrad dann stark leidet.

Bei jeder Turbine kann man Lauf- und Leitrad als eine Einheit ansehen, die in der verschiedensten Weise angeordnet werden kann. Ist es

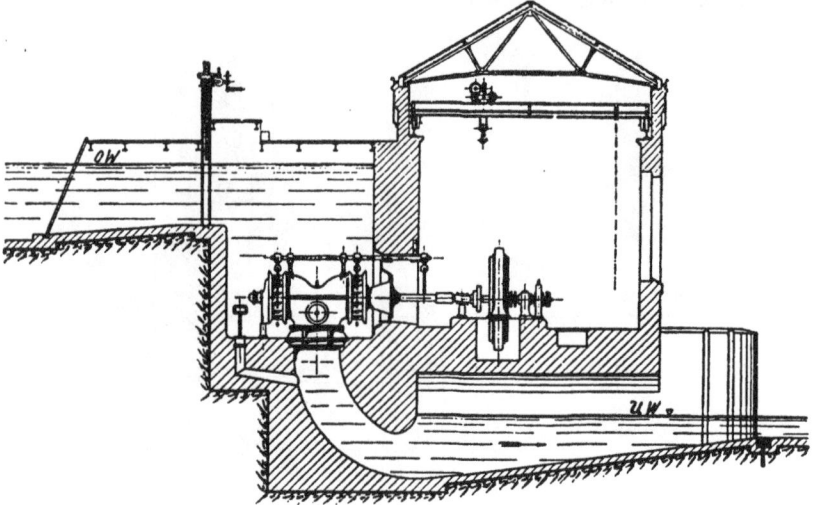

Abb. 28. Horizontale Zwillingsturben.

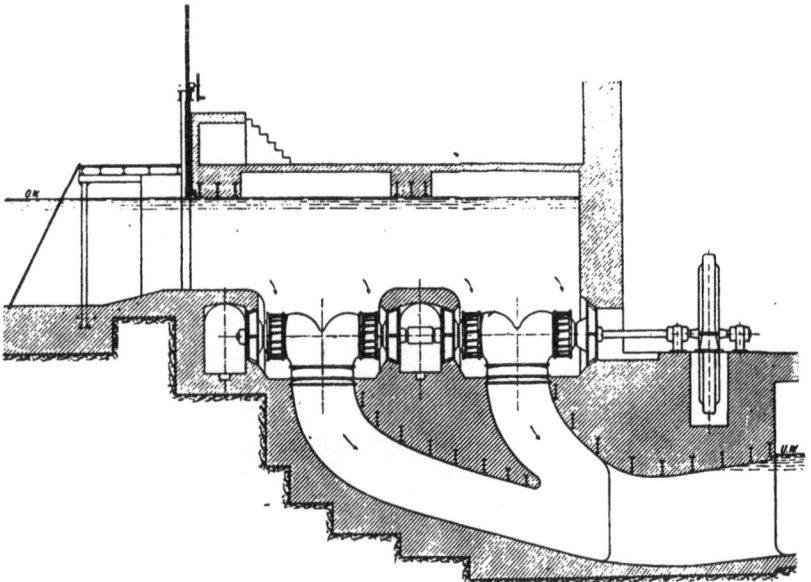

Abb. 29. Doppelzwilling mit horizontaler Achse (Voith).

in einem gegebenen Falle nicht möglich, mit einer solchen Einheit eine bestimmte Leistung oder Umdrehungszahl zu erzielen, dann verbindet man, wie oben angegeben, zwei Einheiten zu einem Zwilling, oder man kann die Einheiten mit Zwillingen oder diese untereinander kuppeln, wie das die Ausführungsbeispiele (Abb. 27 bis 29) zeigen. Es gibt Ausführungen bei denen man 3 Zwillinge mit 6 Rädern gekuppelt hat. Dabei kann man beim Zwilling die beiden Laufräder so gegeneinander setzen, daß sie in ein für beide Räder gemeinsames Saugrohr oder in zwei getrennte Saugrohre ausmünden. (Abb. 35). Letztere Anordnung wird bei Hochdruckturbinen besonders bevorzugt.

Im allgemeinen verwendet man bei allen Anlagen die horizontale Achse darum solange es geht, weil dabei die einzelnen Laufräder bei vorkommenden Ausbesserungen besser zugänglich bleiben, als das bei der senkrechten Aufstellung der Fall ist. Aus demselben Grunde gibt man sogar der senkrechten Einradturbine (Abb. 22 und 23) den Vorzug gegenüber von Mehrradturbinen. Das geht so weit, daß man bei kleinen Einheiten lieber ein Rädervorgelege zwischenschaltet, (Abb. 22) oder bei großen sich mit der niedrigeren Drehzahl der Einradturbine begnügt. (Abbildung 23.) Andererseits aber erklärt sich daraus das Bestreben, Einradturbinen mit stets höher werdenden Drehzahlen zu konstruieren, also eine immer größer werdende Schnelläufigkeit zu erzielen.

Dieses Bestreben hat dazu geführt, daß man neuerdings die bisherige Form der Laufräder verlassen hat und durch andere Schaufelformen eine höhere Drehzahl zu erreichen sucht. Diese Bestrebungen sind auf die Arbeiten von Prof. V. Kaplan in Brünn zurückzuführen, nach welchen die dem Schiffspropeller ähnlichen Laufräder auch „Propeller"- oder „Kaplan"-Turbinen genannt werden. Ein Laufrad dieser Art ist in Abb. 30 zu sehen, während Turbinenanlagen in Abb. 31 und 32 dargestellt sind.

Die Propellerräder unterscheiden sich von den Francisrädern durch den fehlenden äußeren Kranz, die Schaufelform und die geringe Anzahl der Laufschaufeln, die bei den höchsten Schnelläufigkeiten bis auf zwei Laufschaufeln herabgeht. Diese geringe Laufschaufelzahl ist mit der Verminderung der reibenden Flächen bei der hohen Relativgeschwindigkeit w zu erklären.

Durch eine eigentümliche Verkettung von Umständen hat die Kaplanturbine zeitlich nicht eine solche Entwicklung genommen, wie sie es verdient hätte. Dadurch sind allerlei neue Laufradformen entstanden, die ebenfalls eine Erhöhung der Schnelläufigkeit bezwecken. So hat der vom Kreiselpumpenbau her bekannte Ingenieur F. Lawaczeck die

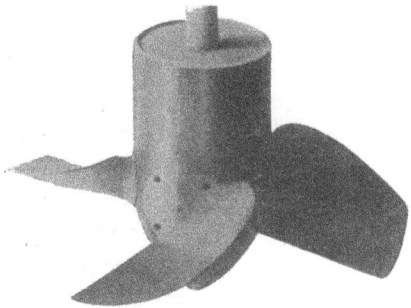

Abb. 30. Kaplanlaufrad mit drehbaren Laufschaufeln (Storek—Brünn).

dort gefundenen Schaufelformen auch auf den Turbinenbau angewendet, die Firma F. Neumeyer in München hat ein neues Laufrad herausgebracht, und in neuester Zeit sind die Laufradformen der Firmen Th. Bell; Escher, Wyß & Co.; Gaislingen; Vevey u. a. m. hinzu-

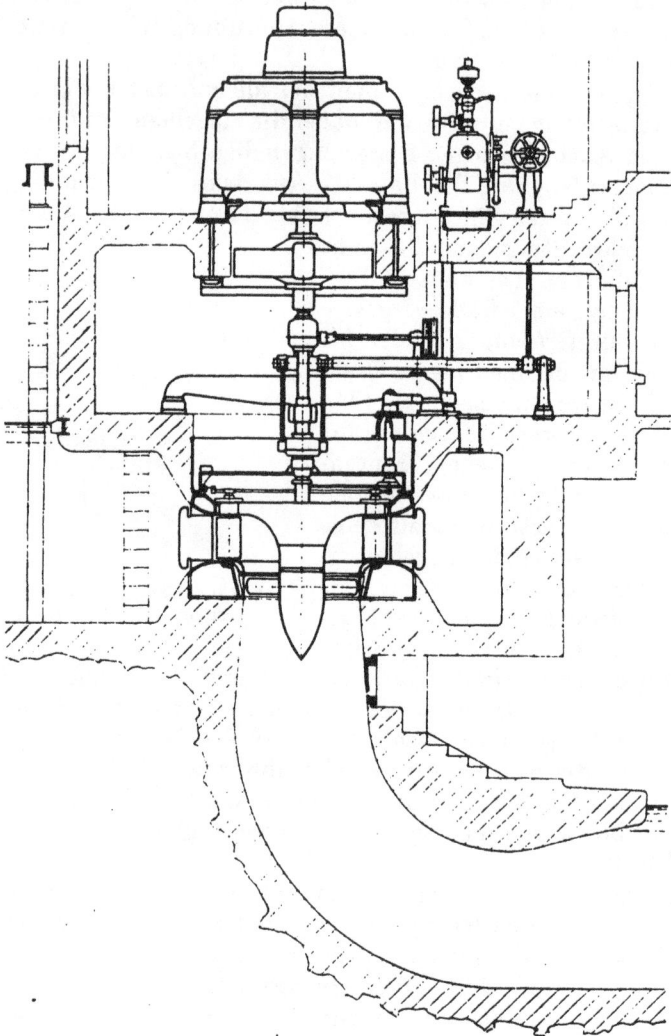

Abb. 31. Vertikale Kaplanturbine (Voith).

gekommen (Abb. 33). Alle diese Turbinenformen haben mit der Laufradnabe fest verbundene Laufschaufeln, aber ohne äußeren Kranz und werden zum Unterschied von den Kaplanturbinen „Propellerturbinen" genannt. Auch die Kaplanturbine ist natürlich eine Propellerturbine, aber sie

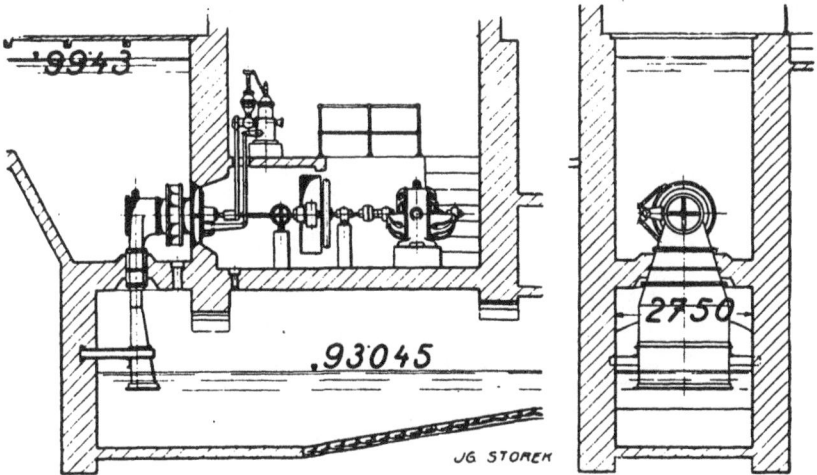

Abb. 32. Horizontale Kaplanturbine (Storek—Brünn).

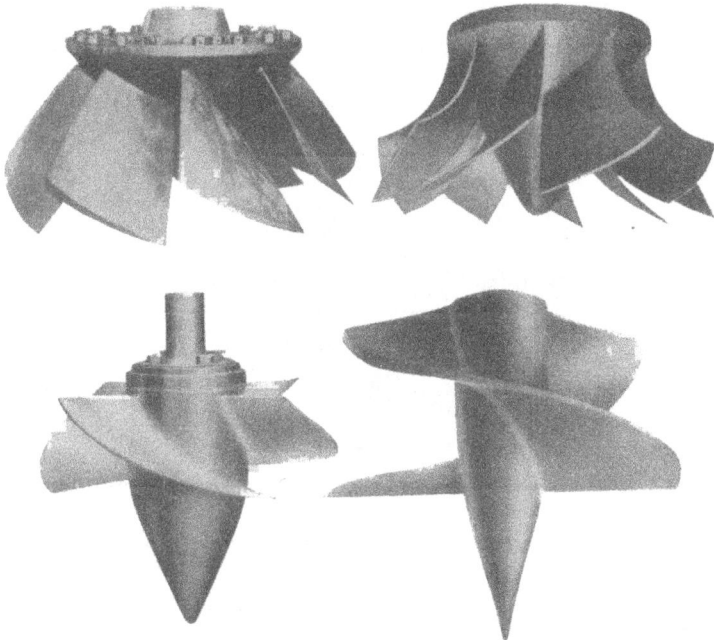

Abb. 33.

Propellerräder (von Lawaczeck, Neumeyer, Escher, Wyß & Co., Voith und Bell).

wird heute fast ausschließlich mit „drehbaren" Laufschaufeln ausgeführt.
Kaplan hat nämlich gefunden, daß, wenn man die Laufschaufeln um

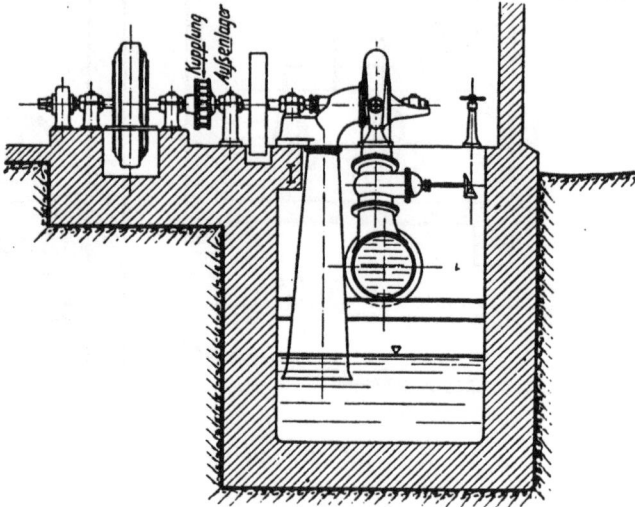

Abb. 34. Einfache Spiralturbine.

eine zur Turbinenachse senkrechte Gerade drehbar macht, der Wirkungsgrad bei kleineren Wassermengen dadurch wesentlich gebessert werden

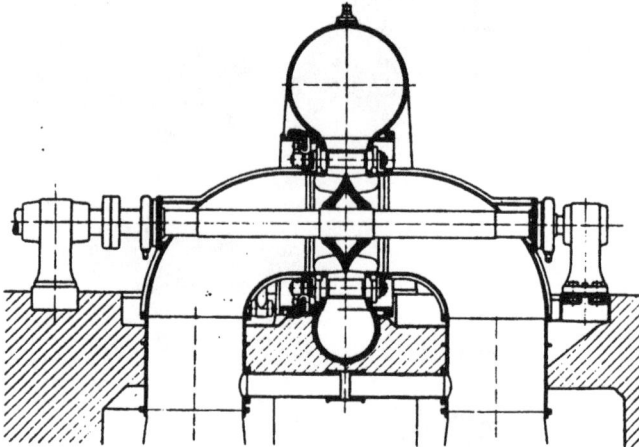

Abb. 35. Doppel-Spiralturbine (Voith).

kann. Schon Fink hat in dem bereits genannten Buch 1878 auf drehbare
Laufschaufeln hingewiesen, aber der Zusammenhang war ein anderer.

Die drehbaren Laufschaufeln bringen eine etwas umständlichere
konstruktive Durchführung und darum auch eine Kostenerhöhung mit

sich. Die hohen Patentkosten kommen dazu und das ist wohl der Grund, warum man mit festen Laufschaufeln und anderer Form ähnliche Wirkungen wie Kaplan zu erreichen sucht. Die verschiedene Wahl der „Propellerschaufeln" wird dadurch erklärlich.

In allen Fällen spielt aber die Ausbildung des Saugrohres bei diesen Turbinen eine sehr große Rolle, denn das Wasser muß das Laufrad immer mit großer Geschwindigkeit verlassen und die demselben innewohnende Energie kann nur in einem entsprechend geformten konischen Saugrohr wiedergewonnen werden. Der Saugrohrform ist also die größte Auf-

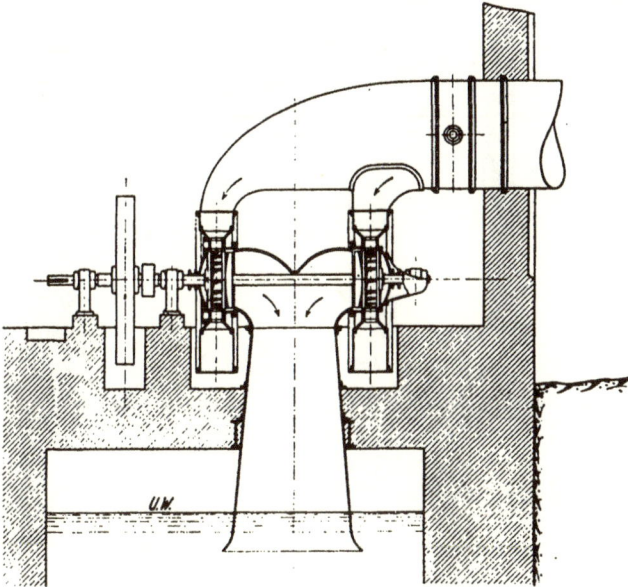

Abb. 36. Doppel-Spiralturbine (Voith).

merksamkeit zu schenken, umsomehr, als sich bei ungünstiger Formgebung und bestimmten Saughöhen Korrosionen einstellen, die zur raschen Zerstörung der Saugrohre und Laufräder führen. Schon Kaplan hat sich darum verschiedene Saugrohrformen patentieren lassen und ist in der Anwendung bestimmter Saughöhen in Verbindung mit der hohen Schnelläufigkeit sehr vorsichtig gewesen (Abb. 32). Man kann sagen, daß, je größer die Schnelläufigkeit wird, desto kleiner die Saughöhe gewählt werden muß. Propellerturbinen werden darum heute bis zu etwa 18 m Gefälle angewendet, während man bei Kaplanturbinen nur bis zu etwa 8—9 m Gefälle geht. Die Grenzen können natürlich nicht scharf gezogen werden.

Es ist aber zu ersehen, daß sowohl Propeller- als auch Kaplanturbinen nur für verhältnismäßig kleine Gefälle angewendet werden. Die

Erhöhung der Schnelläufigkeit durch solche Turbinen hat natürlich nur
dann einen Zweck, wenn man in der Natur auf die Ausnutzung kleiner
Gefälle überhaupt angewiesen ist. Solche Anlagen sind aber immer in
Verbindung mit Turbinenbauanstalten durchzuführen, denen auf dem
Gebiet der Schnelläufer große Erfahrungen zur Verfügung stehen, denn
sonst könnten sich Abnutzungserscheinungen an den Turbinen einstellen,
die zu höchst unliebsamen Folgen führen.

Bei größeren Gefällen macht es in der Regel keine Schwierigkeiten,
auf genügend hohe Drehzahlen zu kommen. Man hat daher auch hier
keinen Grund, von den bewährten Formen der Francisturbinen abzugehen.

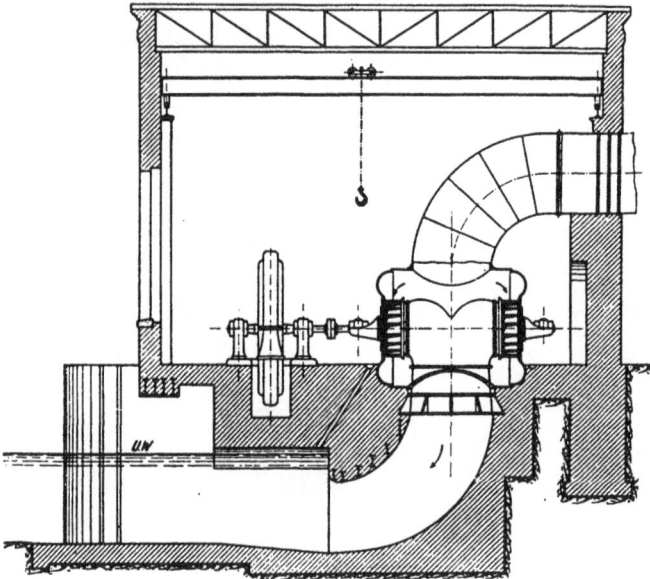

Abb. 37. Kesselturbine.

Wenn das Wasser einer Turbine in einem geschlossenen Rohr zugeführt
werden kann, dann ist die Turbine völlig in ein Gehäuse einzuschließen
und kann wie ein anderer Motor frei in das Maschinenhaus gestellt werden.
Je nach der Form des Gehäuses (Abb. 34 bis 38) nennt man solche Turbinen „Spiral"-, „Kessel"- oder „Frontal"-Turbinen (auch Rohr-
oder Stirnturbinen). Bei letzteren (Abb. 38) erfolgt die Zuleitung des
Wassers in Richtung der Längsachse der Turbinen.

Von der Art der Zuführung des Wassers zu den Turbinen ist aber
vielfach die ganze Anordnung des Maschinenhauses und die Stellung der
Turbinen in demselben abhängig. Hieraus erklären sich umgekehrt die
verschiedenen Ausführungsformen der Turbinen. Alle aber sind Francisturbinen, die sich nur durch die Gehäuseform voneinander unterscheiden.

Die im Innern der Gehäuse angebrachten Francisräder können die verschiedenste Schnelläufigkeit aufweisen.

Bei den hohen Gefällen ist die Doppel-Spiralturbine mit einem Einlauf und getrennten Saugrohren (Abb. 35) darum besonders beliebt, weil man nur ein Zuflußrohr erhält, durch die Gegeneinanderstellung der Laufräder die achsialen Schübe bis auf einen geringen Rest ausgeglichen werden und jedes Rad für sich in ein entsprechend geformtes Saugrohr ausgießen kann.

Dadurch, daß man in neuerer Zeit immer größere Einheiten verwendet, kann man an vielen Stellen Überdruckturbinen wählen, wo man früher noch Freistrahlturbinen angewendet hat. Man findet darum neuerdings Überdruckturbinen für sehr hohe Gefälle, bis zu 250 m und darüber. Eine obere Grenze des Gefälles, bis zu dem Überdruckturbinen ausgeführt werden können, ist darum schwer anzugeben.

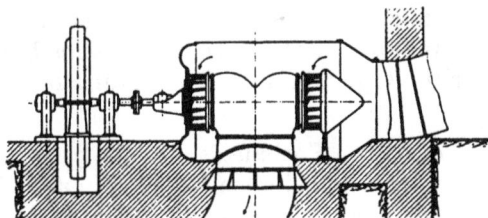

Abb. 38. Stirn-, Rohr- oder Frontalturbine.

Immer aber muß man darauf bedacht sein, daß die Lauf- und Leiträder der Turbinen leicht zugänglich bleiben, um gelegentlich nachgesehen oder ausgebessert werden zu können. Auch wird man in allen Fällen dafür sorgen müssen, daß Unreinigkeiten, die das Wasser mit sich führt, von den Turbinen ferngehalten werden, ohne zu große Gefällsverluste und Betriebsunkosten damit zu verbinden. Bei jeder Turbinenanlage ist daher auch der Anordnung und Reinigung der Rechen und Schutzgitter die größte Aufmerksamkeit zu schenken, namentlich in Gegenden in denen man mit unreinem Wasser oder Eisgang zu rechnen hat. Die Entfernung und Stärke der Rechenstäbe ist dem jedesmal gewählten Schaufelsystem anzupassen.

Turbinenreihen.

Damit eine Turbinenbauanstalt konkurrenzfähig ist, muß sie trachten, mit möglichst wenigen Modellen, die sich oft verwenden lassen, ein großes Gebiet zu beherrschen. Sie wird also Turbinen von verschiedener Schnelläufigkeit, aber auch von verschiedener Größe unter ihre normalen Konstruktionen aufnehmen und nach einem gewissen einheitlichen System durchbilden müssen. Der Besteller wird sich zweckmäßig an solche Konstruktionen anlehnen, wenn er rasch und billig bedient werden soll. Nur für außergewöhnliche Fälle wird man von den üblichen Konstruktionen abweichen, dann aber auch einen höheren Preis bezahlen müssen.

Um nur eine kleine Zahl von Modellen anfertigen zu müssen, wird man sich auf drei bis vier Reihen von verschiedener Schnelläufigkeit beschränken. In jeder dieser Reihen wird man 10 bis 12 Abstufungen ausführen, die sich nur durch ihre Größe voneinander unterscheiden, also geometrisch ähnlich sind.

Die Aufgabe ist jetzt, zu untersuchen:

a) wie gestalten sich bei ein und derselben Turbine bei verschiedenen Gefällen die Wassermenge, Umlaufszahl und die Leistung, und

b) wie verhalten sich diese Größen bei zwei Turbinen derselben Reihe, wenn das Gefälle konstant bleibt.

Zu a) Es soll nur der normale Betriebszustand ins Auge gefaßt werden, der durch stoßlosen Eintritt des Wassers ins Laufrad und durch senkrechten Austritt desselben aus dem Laufrade ($c_{u2} = 0$) gekennzeichnet ist.

Da bei ein und derselben Turbine der Winkel α_1 konstant ist, müssen die Geschwindigkeitsdreiecke bei allen Gefällen, unter die diese Turbine gesetzt wird, einander ähnlich sein, (Abb. 39) weil nur dann stoßloser Eintritt des Wassers mit dem geringsten Gefällsverlust möglich ist. Da sich die absolute Geschwindigkeit c_1 proportional mit $\sqrt{H}$ ändert, müssen es auch die anderen Geschwindigkeiten tun. Die Umfangsgeschwindigkeiten u_1 und damit die Umlaufzahlen n verhalten sich daher wie

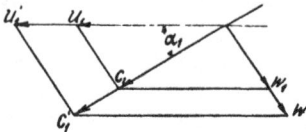

Abb. 39.

$$n : n' = \sqrt{H} : \sqrt{H'} \quad \text{oder} \quad \frac{n}{\sqrt{H}} = \frac{n'}{\sqrt{H'}}.$$

Da die Wassermengen das Produkt aus Querschnitt und Geschwindigkeit sind, ersterer sich aber nicht ändert, müssen auch die Wassermengen sich mit $\sqrt{H}$ ändern, also muß $\dfrac{Q}{\sqrt{H}} = \dfrac{Q'}{\sqrt{H'}}$ sein.

Man kann diesen Vergleich auch auf die Leistung der Turbinen ausdehnen. Es ist $N_e = \dfrac{\gamma \cdot Q \cdot H \cdot \eta}{75}$ und $N_e' = \dfrac{\gamma \cdot Q' \cdot H' \cdot \eta}{75}$.

Die Wirkungsgrade η erleiden keine Veränderung, wenn die Umlaufzahl n entsprechend dem Gefälle geändert wird, das Wasser also stets stoßlos in die Turbine eintritt. Man kann daher schreiben:

$$\frac{N_e}{N_e'} = \frac{QH}{Q'H'} = \frac{H\sqrt{H}}{H'\sqrt{H'}}.$$

Wenn Wassermenge, Leistung und günstige Umlaufzahl für ein bestimmtes Gefälle H gegeben sind, so lassen sich daher die entsprechenden Werte für jedes andere Gefälle H', unter das dieselbe Turbine gesetzt wird, berechnen. Gewöhnlich gibt man diese Werte bezogen auf $H' = 1$ m Gefälle an und bezeichnet sie entsprechend mit n_I, Q_I und N_I. Es bedeuten also z. B.:

$$n_I = \frac{n}{\sqrt{H}} = \text{die Umlaufzahl,}$$

$$Q_I = \frac{Q}{\sqrt{H}} = \text{die Wassermenge und}$$

$$N_I = \frac{N}{H\sqrt{H}} = \text{die Leistung irgendeiner Turbine, wenn sie}$$

unter ein Gefälle von $H = 1$ m gesetzt wird.

Turbinen einer Reihe sind nun solche, bei denen dieselben Winkel- und Größenverhältnisse herrschen, die also untereinander geometrisch ähnlich sind.

Zu b) Es sollen nun Turbinen derselben Reihe bei dem gleichen Gefälle von $H = 1$ m betrachtet werden. Das Verhalten bei anderen Gefällen ergibt sich dann bereits aus dem vorstehenden.

Da es sich in diesem Falle um geometrisch ähnliche Turbinen handelt, das Gefälle aber jetzt konstant ist, müssen nunmehr alle Geschwindigkeitsdreiecke kongruent sein. Da aber bei verschiedenen Turbinen, die einer Reihe angehören, alle Querschnitte mit der zweiten Potenz einer Abmessung, z. B. dem Eintrittsdurchmesser D_1 wachsen, so werden auch die Wassermengen, die eine Turbine schlucken kann, mit D_1^2 sich ändern. Es ist $Q_I = F \cdot c_{mI} = \pi \cdot D_1 \cdot b_1 \cdot c_{mI}$ und wenn $b = \varphi \cdot D_1$, ergibt sich $Q_I = \pi \cdot \varphi \cdot D_1^2 \cdot c_{mI}$, woraus $D_1 = k_1 \cdot \sqrt{Q_I}$ wird[1]). Hierin ist k_1 ein Wert, der für alle Turbinen einer Reihe dieselbe Größe hat, und der sich nur bei dem Übergang von einer Reihe in die nächste, also mit der Schnelläufigkeit ändert. k_1 wird um so kleiner, je größer die Schnelläufigkeit ist, z. B. für die schnellste Turbine etwa 0,7 und steigend bis 3,0 für die langsamste.

Da $\frac{\pi \cdot D_1 \cdot n_I}{60} = u_I = \text{konst.}$ ist für eine Reihe, muß auch $D_1 \cdot n_I = \frac{60 \cdot u_I}{\pi}$

$= k_1 \cdot \sqrt{Q_I} \cdot n_I = \text{konstant sein oder}$

$$\frac{60 \cdot u_I}{\pi k_1} = k_Q = n_I \sqrt{Q_I} = \sqrt{H} \sqrt[]{\frac{Q}{\sqrt{H}}} = n \sqrt{\frac{Q}{H\sqrt{H}}} = \text{konst.}$$

---

[1]) Bei einzelnen Turbinenfirmen ist es geradezu üblich geworden $Q_I = k D_1^2$ zu setzen, als ein Zeichen für die Turbinengröße und Schnelläufigkeit. Für jede Schnelläufigkeit erhält k dann einen anderen Wert.

Die Konstante k_Q ist hier nichts anderes als eine Umdrehungszahl. Macht man nämlich Q und H je $= 1$, so wird $k_Q = n_{\mathrm{I}}$, d. h. es ist k_Q die Umdrehungszahl derjenigen Turbine, die bei einem Gefälle von $H = 1$ m gerade 1 cbm/Sek. Wasser schluckt. Es ist ersichtlich, daß diese Zahl einen wichtigen Vergleichswert für Turbinen darstellt, die verschiedenen Reihen oder Systemen angehören. So nimmt k_Q^* für Schnelläufer den Wert 150 und darüber an, während es für Langsamläufer nur etwa 20 bis 25 beträgt.

In vielen Fällen ist es erwünscht, statt Q die Leistung N der Turbinen einzuführen. Für $H = 1$ m wird $N_{\mathrm{I}} = \dfrac{\gamma \cdot Q_{\mathrm{I}} \cdot 1 \cdot \eta}{75}$ oder $Q_{\mathrm{I}} = \dfrac{75}{1000 \cdot \eta} \cdot N_{\mathrm{I}}$.

Damit ergibt sich $k_Q = n_{\mathrm{I}} \sqrt{\dfrac{75 \, N_{\mathrm{I}}}{1000 \cdot \eta}}$, oder wenn man für den Wert

$k_Q \cdot \sqrt{\dfrac{1000 \cdot \eta}{75}}$ eine neue Konstante n_s setzt:

$$n_s = n_{\mathrm{I}} \sqrt{N_{\mathrm{I}}} = \frac{n}{\sqrt{H}} \sqrt{\frac{N}{H \sqrt{H}}} = \frac{n}{H} \sqrt{\frac{N}{\sqrt{H}}}.$$

Man nennt n_s nach dem Vorgange von Prof. Camerer, München, die „spezifische" Umdrehungszahl. Sie ergibt sich bei jener Turbine, die bei einem Gefälle von $H = 1$ m gerade 1 PS leistet, ist für alle Turbinen ein und derselben Reihe eine Konstante und gilt heute als das am häufigsten gebrauchte Merkmal für die Schnelläufigkeit einer Turbine. Man erreicht:

n_s bis 1200 bei Kaplanturbinen,

n_s bis 700 bei Propellerturbinen,

n_s zwischen 300 und 500 bei Francis-Schnelläufern,

n_s zwischen 150 und 200 bei Francis-Normalläufern und

n_s zwischen 60 und 100 bei Francis-Langsamläufern.

Da Becherturbinen (Pelton) mit einer Düse $n_s = 4$ bis 30 ergeben, würde man mit 2 Rädern und je 2 Düsen eine doppelt so große spezifische Drehzahl, also bis $n_s = 60$ erhalten. Damit ist aber die Reihe der spezifischen Drehzahlen von $n_s = 4$ bis zu den größten Schnelläufern geschlossen, d. h. andere als Becher-, Francis- und Propeller-Turbinen sind zur Beherrschung aller spezifischen Drehzahlen in den angegebenen Grenzen nicht mehr erforderlich. (Vgl. Abb. 15 u. 16).

Für eine Zwillingsturbine (Abb. 27, 28 und 35 bis 38) mit je 2 gleichen Laufrädern, von denen jedes $\frac{1}{2} \cdot Q_{\mathrm{I}}$ verarbeiten kann, wird bei gleicher spezifischer Drehzahl der Laufräder nur ein Durchmesser von $D_{1,2} = k_1 \cdot \sqrt{\frac{1}{2} \cdot Q_{\mathrm{I}}} = 0,7 \, k_1 \cdot \sqrt{Q_{\mathrm{I}}} = 0,7 \, D_1$ einer gleich starken, einfachen Turbine erforderlich. Für einen Doppel-Zwilling mit 4 Laufrädern (Abb. 29) wird der Durchmesser eines Laufrades nur halb so groß als für eine gleich starke einfache Turbine. Infolgedessen muß sich die Umdrehungszahl der 4 fachen Turbine bei derselben Schnelläufigkeit jedes

einzelnen Rades verdoppeln. Es sind im letzten Falle eben nur 4 Laufräder verwendet, die im Verhältnis 1:2 dem größeren geometrisch ähnlich sind (Abb. 18). Mit einer 4rädrigen Turbine kann man also auch
spezifische Drehzahlen erreichen, die das Doppelte einer gleich starken
einrädrigen Turbine betragen. Umgekehrt hat man Turbinen mit sehr

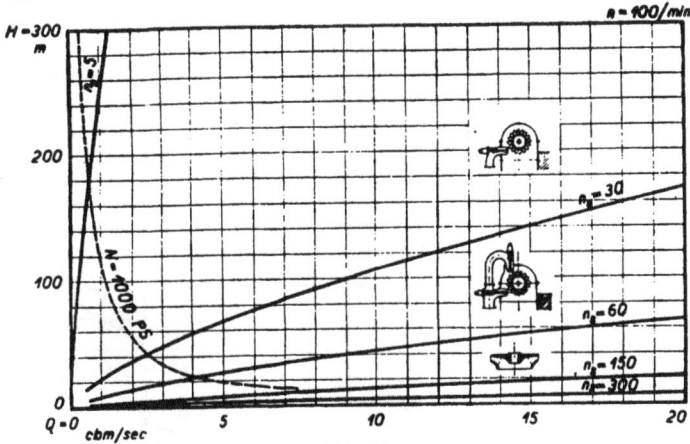

Abb. 40.

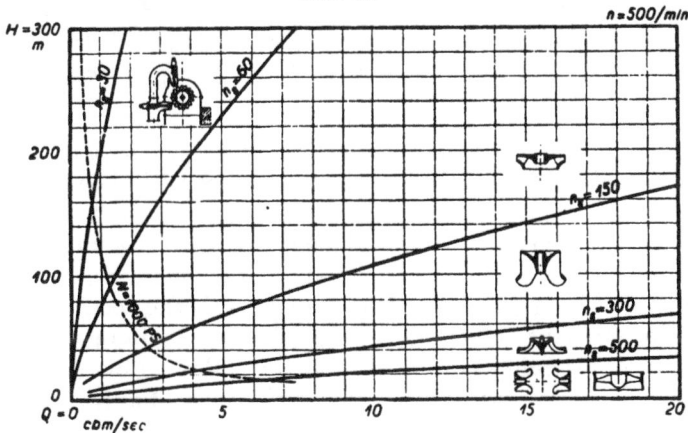

Abb. 41.

hoher Schnelläufigkeit darum gebaut, um mit einem einzigen Rade dieselben Vorteile zu erreichen, die man früher nur mit mehrrädrigen Turbinen erzielen konnte.

Alle Turbinenreihen der verschiedensten Bauart und Schnelläufigkeit sind damit in ein System gebracht, aus dem man sich für jede Anlage die passendste Form und Größe wählen kann.

Übersichtlich lassen sich die abgeleiteten Werte in einem Diagramm
zusammenstellen, wie das in Abb. 40 und 41 geschehen ist. Die gezeich-

neten Kurven stellen hier z. B. für $n = 100$ und $n = 500$ die Trennungs-
linien zwischen den Turbinen verschiedener Bauart dar, die natürlich
nicht scharf aufzufassen sind. Man wird vielmehr in ihrer Nähe bald von
der einen, bald von der anderen Konstruktion Gebrauch machen können,
je nachdem die Erfahrung und die baulichen Verhältnisse das fordern.
Es soll damit nur angedeutet werden, welches System zwischen
zwei solchen Linienzügen das herrschende sein sollte. Wenn z. B. für ein
Gefälle von $H = 100$ m und eine Wassermenge von 2 cbm/Sek. eine Turbine von 2000 PS zu entwerfen wäre, dann würde für $n = 100$ Umdr./Min.
eine Freistrahlturbine mit einer Düse in Frage kommen, während man bei
$n = 500$ Umdr./Min. einen Francis-Langsamläufer wählen würde.

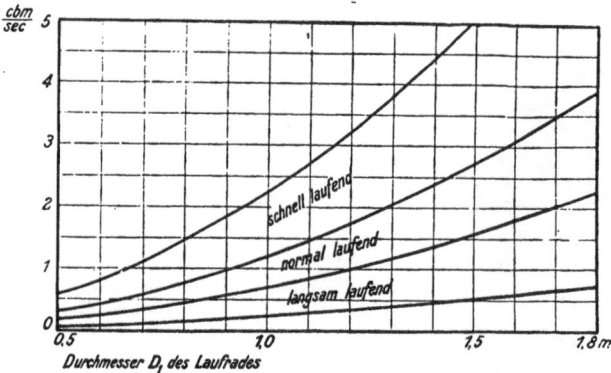

Abb. 42. Laufrad-Abmessungen von Francisturbinen verschiedener
Schnelläufigkeit bei derselben Wassermenge Q_t für $H = 1$ m.

Hat man dagegen nur 20 m Gefälle, dafür aber 10 cbm/Sek. Wasser,
dann wird eine 2000 PS-Turbine bei $n = 100$ Umdr./Min. als Francis-
Langsamläufer ausgeführt werden können, während man bei $n = 500$
Umdr./Min. mit einer einfachen Francis-Turbine kaum mehr auskommt,
selbst wenn sie als Schnelläufer gebaut würde. Man müßte eine Zwillingsturbine wählen und das Wasser auf zwei gleiche Laufräder verteilen,
oder eine Propellerturbine ausführen.

In ähnlicher Weise zeigt Abb. 42 die Abmessungen der Laufräder
bei verschiedener Schnelläufigkeit und konstanter Wassermenge Q_t.
Hieraus ist z. B. zu entnehmen, daß ein Laufrad von 1 m Durchmesser
bei 1 m Gefälle als Langsamläufer 0,7, als Normalläufer 1,2 und als
Schnelläufer 2,3 cbm/Sek.[1]) Wasser schlucken kann. Schnelläufer, Propeller und Kaplanturbinen sind also für große Wassermengen und kleine
Gefälle passende Turbinensysteme.

---

[1]) Es kommt dabei natürlich auf die Stelle an, wo der Durchmesser D_1
gemessen wird.

In Abb. 43 sind die mit mittleren Ausführungen der verschiedenen bisher gebräuchlichen Turbinensysteme erzielten Wirkungsgrade in Prozenten abgängig von der Wassermenge aufgetragen. Die Wassermenge 1 entspricht voller Beaufschlagung der Turbine. Es ist ersichtlich, daß sich die Peltonräder am günstigsten stellen. Selbst bei kleinen Wassermengen, von etwa ¼ der normalen, sind die Wirkungsgrade schon sehr günstig und bleiben dann nahezu konstant.

Am ungünstigsten sind die Schnelläufer, denn die Wirkungsgrade sinken bei kleinen Beaufschlagungen sehr rasch. Im Zusammenhang mit dem Obigen geht daraus hervor, daß Schnelläufer als große Wasserschlucker in der Anlage zwar billig sind, daß man aber ohne zwingende Gründe mit der Schnelläufigkeit der Turbinen nicht zu hoch gehen sollte, wenn man bei kleinen Beaufschlagungen dadurch nicht eine dauernde Einbuße an Wirkungsgrad erleiden will.

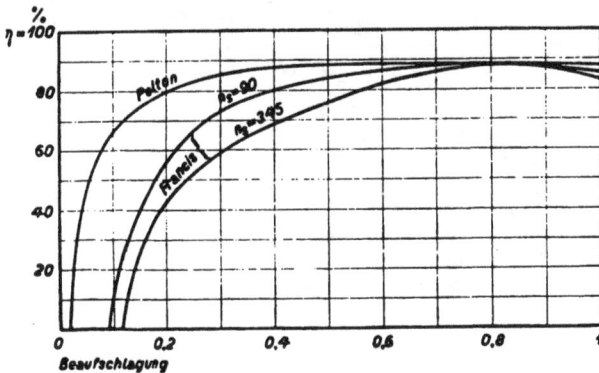

Abb. 43. Mittlere Wirkungsgrade von Francis- und Becherturbinen.

Es ist oben schon darauf hingewiesen worden, daß Kaplan zu einer weiteren Vervollkommnung der Schnelläufigkeit den Anstoß gegeben und Werte von n_s bis 1200 erreicht hat. Die damit erzielten Vorteile sind namentlich in der Elektrotechnik von Bedeutung. Die mit den Turbinen direkt gekuppelten Generatoren werden nämlich bis zu einem gewissen Grade in der Anlage umso billiger, je schneller sie laufen. Daher das Bestreben, die Schnelläufigkeit der Turbinen zu erhöhen. Die Versuche mit Kaplan- und Propeller-Turbinen sind noch nicht als abgeschlossen anzusehen, so daß vorerst nur einzelne Exemplare auf dem Markt erschienen sind. Abb. 44 zeigt aber eine Zusammenstellung der bisher erzielten Wirkungsgrade bei Propeller- und Kaplan-Turbinen, wieder abhängig von der Wassermenge. Die Steigerung des Wirkungsgrades bei kleinen Beaufschlagungen ist auf die Wirkung der drehbaren Laufschaufeln zurückzuführen. Freilich ist dieser günstige Erfolg nur mit höheren Anlagekosten zu erkaufen, die sich infolge der komplizierteren Konstruktion

4*

der drehbaren Laufschaufeln einstellen. Bei Anlagen mit mehreren Turbinen läßt man daher (wie z. B. in Lilla Edet) die konstante Grundbelastung durch Turbinen mit festen Drehschaufeln ausführen (Lawaczeck), während die eigentliche Regulierung von einer ähnlich starken Kaplanturbine mit drehbaren Laufschaufeln übernommen wird.

Bei der Theorie der Propellerturbinen muß man allerdings von den bisher üblichen Betrachtungen abgehen. Man versucht, die Wirkungen durch Wirbelströmungen zu erklären. Die Richtung geht dahin, nachzuweisen, daß für gasförmige und tropfbar flüssige Körper dieselben Gesetze gültig sind und festzustellen, wann sich störende Strömungseinflüsse einstellen, die auf Saughöhe und Korrosionen Einfluß nehmen.[1]

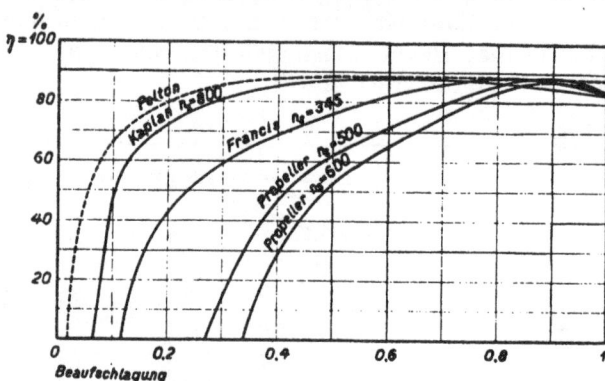

Abb. 44. Mittlere Wirkungsgrade von Propellerturbinen.

Verhalten der Turbinen unter wechselndem Gefälle.

Wie auch eine Turbine geformt sein mag, immer wird man der Konstruktionsberechnung feste Werte für Wassermenge und Gefälle zugrunde legen müssen, auf denen sich alles Weitere aufbaut. In der Praxis wird man es aber nicht vermeiden können, daß die so konstruierte Turbine unter Verhältnissen wirksam sein muß, die sich von den rechnungsmäßigen Annahmen wesentlich entfernen. Besonders bei kleinen Gefällen stellen sich durch Rückstau vom Unterwasser her oft erhebliche Gefällsschwankungen ein und es ist nun für den Betrieb und die Anlage wichtig zu wissen, wie sich die nun einmal vorhandene Turbine unter den so geänderten äußeren Umständen verhalten wird. Man hat es in diesem Falle also mit einer Turbine von feststehender Ausführungsform zu tun, die unter ein anderes, als das rechnungsmäßige Gefälle gesetzt wird.

Oben wurde gezeigt, daß sich dann verhalten $\dfrac{n}{\sqrt{H}} = \dfrac{n'}{\sqrt{H'}}$,

---

[1] B a u e r s f e l d , Z. d. V. d. I. 1923; D. T h o m a , Z. d. V. d. I. 1925, S. 329; S c h i l h a n s l , Die Wasserkraft 1925, S. 55.

$$\frac{Q}{\sqrt{H}} = \frac{Q'}{\sqrt{H'}} \quad \text{und} \quad \frac{N}{H\sqrt{H}} = \frac{N'}{H'\sqrt{H'}}.$$ Ist z. B. für eine Turbine bei dem normalen Gefälle von $H = 5$ m.

die Wassermenge $Q = 3,06$ cbm/Sek.,

die Umlaufszahl $n = 138,5$ Min. und

die eff. Leitung $N = 1000 \cdot 3,06 \cdot 5 \cdot \dfrac{0,75}{75} = 154,5$ PS

und steigt das Gefälle auf $H' = 6,5$ m, dann würde dem neuen Gefälle entsprechen: eine günstigste Umlaufszahl von

$$n' = \frac{138,5}{\sqrt{5}}\sqrt{6,5} = 159$$

und eine Wassermenge von $Q' = \dfrac{3,06}{\sqrt{5}}\sqrt{6,5} = 3,52$ cbm/Sek.

Wenn aber die Turbine diese für das neue Gefälle günstigste Umlaufszahl von $n' = 159$ aus Betriebsrücksichten nicht machen darf, sondern $n = 138,5$ einhalten muß, dann sinkt der Wirkungsgrad, weil stoßloser Eintritt nicht mehr vorhanden ist[1]), auf 0,74 und damit wird die

neue Leistung $N' = 1000 \cdot 3,52 \cdot 6,5 \cdot \dfrac{0,74}{75} = 226$ PS.

Würde sich anderseits bei Hochwasser das Gefälle H durch Rückstau von 5 m auf 3,5 m vermindern, dann würde sich eine günstigste Umdrehungszahl von $n' = \dfrac{138,5}{\sqrt{5}} \cdot \sqrt{3,5} = 116,1$ und eine Wassermenge

von nur $Q' = \dfrac{3,06}{\sqrt{5}} \cdot \sqrt{3,5} = 2,47$ cbm/Sek. ergeben.

Da nun auch in diesem Falle die für 3,5 m Gefälle günstigste Umlaufszahl von $n' = 116,1$ nicht eingehalten werden darf, sonder $n = 138,5$ verlangt wird, so sinkt der Wirkungsgrad der Turbine nunmehr auf 0,71 und damit ergibt sich eine effektive Leistung von nur

$$N' = 1000 \cdot 2,47 \cdot 3,5 \cdot \frac{0,71}{75} = 81,9 \text{ PS.}$$

Daraus geht hervor, daß in Wasserkraftanlagen, bei denen durch Rückstau das Gefälle stark herabgezogen wird, sich in der Leistung ein bedeutender Abfall bemerkbar macht, denn mit dem kleineren Gefälle wird nicht nur die Schluckfähigkeit der Turbine geringer, sondern es sinkt auch der Wirkungsgrad. Es werden also alle drei, die effektive Leistung der Turbine bestimmenden Faktoren kleiner.

---

[1]) Der Wirkungsgrad einer Turbine ändert sich mit der Drehzahl nach einer nahezu parabolischen Kurve (Abb 50). Man legt die normale Betriebs-Drehzahl in den Scheitel derselben.

Braucht ein industrielles Unternehmen eine konstante Kraftquelle, dann muß man die Turbinenanlage von vornherein auf das kleinste vorkommende Gefälle und die dazu gehörige entsprechend größere Wassermenge gründen und sog. Hochwasserturbinen anlegen, die mehr als die normale Wassermenge zu schlucken vermögen. In der Regel ist bei Wasserkräften mit geringem Gefälle, das überdies starken Schwankungen ausgesetzt ist, bei Hochwasser eine große Wassermenge auch wirklich vorhanden und umgekehrt. Ist aber die dem geringeren Gefälle entsprechende größere Wassermenge nur selten oder nicht ausreichend vorhanden, oder sinkt die Leistung wesentlich unter die verlangte herab, dann muß die fehlende Energie auf andere Weise, z. B. durch Anlage von Wärmemotoren ersetzt werden. Hierdurch erhöhen sich die Anlagekosten, und die Wirtschaftlichkeit der Anlage wird herabgedrückt. Solche Wasserkräfte sind also stets minderwertig.

Wird das Gefälle größer als das normale, dann ist die Turbine befähigt mehr Wasser zu schlucken. Aber gerade dann ist in der Regel weniger Wasser vorhanden als normal. Die Turbine ist für diesen Fall zu groß, und es müssen daher in solchen Zeiten die Durchgangsquerschnitte verkleinert werden, d. h. die Turbine muß regulierfähig sein.

Wenn bei größeren Turbinenanlagen mit mehreren Turbinen die Mehrzahl derselben stets voll belastet laufen kann, während nur der Rest die Regulierung zu übernehmen hat, dann kann man aus Ersparungsgründen die Turbinen für die konstante Grundbelastung der Einfachheit halber ganz ohne, oder nur mit Handregulierung, ausführen.

Um endlich in Hochwasserzeiten das meistens im Überschuß vorhandene Wasser nicht ganz nutzlos abfließen lassen zu müssen, sind die mannigfachsten Ausführungen angewendet worden. Eine Art, die namentlich in Amerika vielfach probiert worden ist, besteht darin, daß man das überschüssige Wasser durch eine Art Ejektor strömen läßt, der eine saugende Wirkung ausübt und dadurch das bei Hochwasser kleiner werdende Gefälle der Turbinen wieder vergrößert. Versuche, die mit solchen „Gefällsvermehrern" (auch in der Schweiz) ausgeführt worden sind, haben allerdings nur geringe Wirkungsgrade ergeben, die 25 % nicht wesentlich überschreiten. Aber es bedeutet doch immerhin einen Energiegewinn und es ist Sache eingehender Kalkulation um zu ermitteln, ob damit die dafür notwendigen höheren Baukosten gerechtfertigt werden können oder nicht.

Eine andere Ausführungsart besteht in der Anwendung der schon genannten „Umformer" (z. B. nach Lawaczeck).

Die Untersuchung einer Turbine[1])

hat sich zu erstrecken auf die Erfüllung der Lieferungsbedingungen, bei denen neben der Ausführung der Turbine selbst, was Material und Arbeit anbelangt, die Ermittelung der Leistungsfähigkeit, des Wirkungsgrades und der Regulierbedingungen von Wichtigkeit sind.

Der Wirkungsgrad einer Turbine beträgt $\eta = \dfrac{N_e}{N_i} = \dfrac{N_e \cdot 75}{1000 \cdot Q \cdot H}$,

woraus hervorgeht, daß, um η kennen zu lernen, die Größen N_e, H und Q im Beharrungszustande gleichzeitig festzustellen sind.

Die Ermittelung des Gefälles H macht verhältnismäßig am wenigsten Schwierigkeiten. Bei offener Wasserzuführung hat man den Wasserspiegelunterschied unmittelbar an der Turbine zu messen. Daß dabei an Stellen gemessen werden muß, wo die Schwankungen im Wasserspiegel möglichst gering sind, ist selbstverständlich. Es empfiehlt sich darum für die Anbringung des Pegels oder eines Schwimmers eine Nische oder einen geschlossenen Schacht anzuordnen, in dem der Wasserspiegel ruhig und frei von Wellen ist. Die Pegelstände werden am besten unbekümmert um die übrigen Versuche in kurzen Zeitabständen fortlaufend abgelesen und in einem Diagramm aufgetragen, dessen Abszissen die Zeiten sind.

Man kann aus einem solchen Diagramm auch dasjenige Gefälle herausgreifen, bei dem die Wassermessung und Leistungsbestimmung der Turbine gleichzeitig stattgefunden haben, und ersehen, ob das Gefälle in der Versuchszeit konstant geblieben ist und ob und welche Schwankungen vorhanden waren.

Wird der Turbine das Wasser in geschlossener Rohrleitung zugeführt, so hat man unweit der Turbine in einem geraden Rohrstück von genügender Länge den tatsächlichen Arbeitsdruck mit einem geeichten Manometer zu bestimmen und diesem die Höhe von der Meßstelle bis zum Unterwasserspiegel und eventuell die Geschwindigkeitshöhe an der Meßstelle zuzuzählen, um das wirklich arbeitende Gefälle zu erhalten.

Die Bestimmung der von der Turbine verbrauchten Wassermenge Q richtet sich nach den örtlichen Verhältnissen. Sind mehrere gleiche Turbinen in einer Anlage vorhanden, so kann man die Messungen auf eine Turbine beschränken. Immer ist aber die zu untersuchende Turbine entsprechend zu isolieren und der ganze Wasserlauf auf Undichtheiten, die die tatsächlich verbrauchte Wassermenge beeinflussen könnten, gewissenhaft zu prüfen.

Bei sehr kleinen Wassermengen kann man die Bestimmung des durch die Turbine fließenden Wassers mit einem Meßgefäß, also dem Volumen, oder dem Gewicht nach vornehmen.

Für größere Wassermengen stehen Überfall, Flügel und neuerdings der Schirm zur Wassermessung zur Verfügung.

---

[1]) Vgl. Normen über Leistungsversuche an Wasserkraftanlag. V. d. I., Berlin 1921.

Ein Überfall läßt sich nur selten, und meistens nur bei kleineren Wassermengen, einbauen. Die Messung ist aber, falls die Überfallhöhen genau und verläßlich bestimmt werden können, zuverläßig und führt rasch zum Ziel. Für die Bestimmung der Überfall-Koeffizienten eignen sich am besten die Angaben von Professor Frese (Z. d. V. d. I. 1890)[1]).

Abb. 45. Flügelstange auf beweglichem Wagen.

Am häufigsten muß man von der Wassermessung mit dem Flügel Gebrauch machen, obwohl sie die umständlichste und ungenaueste ist. Bei größeren Turbinen ergeben sich bedeutende Wasserquerschnitte mit vielen Meßpunkten. Selbst wenn man mit mehreren Flügeln gleichzeitig arbeitet, nehmen die Flügelmessungen einen bedeutenden Zeitraum, oft mehrere Stunden in Anspruch. (Abb. 45 zeigt die Anbringung der Flügel-

[1]) Auch von W. Hansen, Z. d. V. d. I. 1892, S. 1057 oder neuerdings Eehbock, Z. f. Architektur und Ingenieurwesen 1913, S. 129.

stange auf einem kleinen Rollwagen, wie er in der Versuchsanstalt für Wassermotoren an der Techn. Hochschule, Charlottenburg, verwendet wird. Man kann natürlich an derselben Stange auch mehrere Flügel untereinander anbringen und sie aus einer Vertikalen in die nächste verschieben.) Während dieser Zeit muß oder sollte man die Turbine in unverändertem Beharrungszustand erhalten, was nicht immer möglich ist. Bei großen Anlagen ist es nicht nur schwierig, die Belastung der Turbine längere Zeit konstant zu erhalten, auch das Gefälle kann sich während

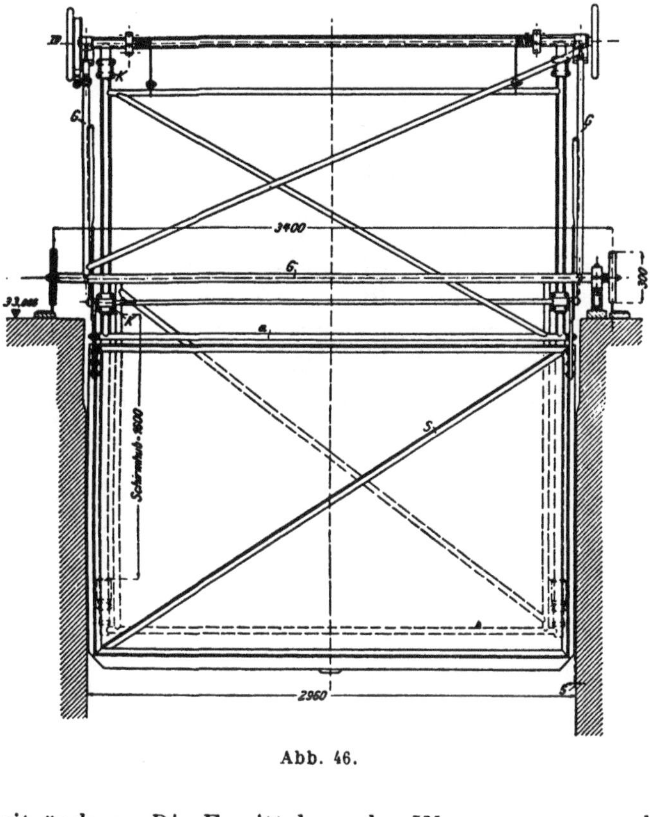

Abb. 46.

der Meßzeit ändern. Die Ermittelung der Wassermenge aus den zugehörigen Flügelmessungen ist überdies mit bedeutendem Zeitaufwand verbunden, so daß die Meßergebnisse eines Versuches während des Beharrungszustandes der Turbine meist noch nicht ausgewertet werden können. Immer aber sollte man die Auswertung der Meßergebnisse noch während der Versuchszeit vornehmen, denn, wenn sich später Ungenauigkeiten herausstellen, dann ist es oft überhaupt nicht mehr oder nur mit weiteren großen Kosten und Zeitverlusten möglich, einzelne Versuche zu wiederholen. Aus den angeführten Gründen läßt aber auch die Genauigkeit dieser Art von Wassermessung oft zu wünschen übrig. Bei den vielen Einzelversuchen, aus denen sich die Ermittelung einer einzigen Wassermenge zusammensetzt, können leicht Fehler unterlaufen, die das Ergebnis wesentlich beeinflussen. Zwei Messungen für denselben Beharrungszustand einer Turbine geben nicht selten Verschiedenheiten, die mehrere Prozente betragen können. Welchen Wert es dann hat, wenn vom Turbinenfabrikanten in bezug auf den Wirkungsgrad Garantien verlangt werden, die weitergehend sind, als die Genauigkeit mit der die Wassermessung möglich ist, braucht nicht näher erörtert zu werden.

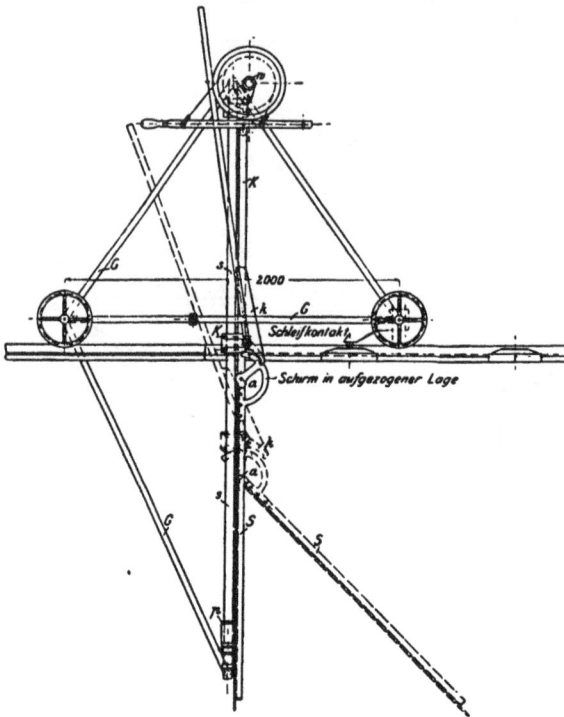

Abb. 47.

Genaue Ergebnisse bei Wassermessungen lassen sich auch mit dem von Professor Andersen in Stockholm erfundenen Schirm erzielen. (Abb. 46 bis 48), d. i. einer Platte, die den ganzen und konstanten Querschnitt eines Gerinnes möglichst genau ausfüllt und die mit der mittleren Geschwindigkeit des Wassers fortgetragen wird. Diese Geschwindigkeit durch einfache Vorrichtungen sehr genau zu ermitteln, ist in kurzer Zeit möglich, so daß das Ergebnis nach wenigen Minuten vorliegt[1]). Das ist

---

[1]) E. Reichel, Wassermessungen, Z. d. V. d. I. 1908, S. 1835.

aber ein entschiedener Vorteil, der in gleicher Weise nur der Messung mit
Überfall anhaftet. Die Schirmmessung erfordert aber ein Gerinne von
etwa 15 m Länge und konstantem Querschnitt. Nur selten läßt sich
nachträglich ein solches anbringen oder für die Untersuchung besonders
einbauen, (oft muß man sich mit geringeren Meßlängen und Holzgerinnen
begnügen) und darum bleiben Schirmmessungen auf wenige Fälle in der
Praxis und auf die Versuchsanstalten beschränkt[1]). Bei neuen großen

Abb. 48.
Abb. 46—48. »Schirm« in der Versuchsanstalt für Wassermotoren.
Techn. Hochschule, Charlottenburg.

Turbinenanlagen, wo man auf eine beständige Messung des verbrauchten
Wassers großen Wert legt, sieht man allerdings von vornherein beson-
dere Meßgelegenheiten mit Schirm oder Überfall vor, z. B. Löntschwerk,
Albulawerk in der Schweiz, Trollhättan in Schweden u. a. m.

Die Ermittelung der an der Turbinenachse abgegebenen Arbeitsleistung N_e erfolgt durch mechanische und neuerdings oft durch elektrische Bremsung.

Die Reibungsbremsen (gewöhnlich nach Art des Pronyschen Zaumes
Abb 49 ausgeführt) lassen sich bis zu Leistungen von etwa 600 PS verwenden. Bei allen Reibungsbremsen irgendwelcher Art wird die mecha-

---

[1]) Siehe auch Z. d. V. d. I. 1909, S. 736.

nische Energie in Wärme umgesetzt und durch Kühlwasser aufgenommen. Da die Oberflächeneinheit einer Bremsscheibe nur eine bestimmte Wärmemenge aufzunehmen und abzuführen vermag, nehmen die Reibungsflächen bei großen Leistungen erhebliche Abmessungen an, und die Konstruktion solcher Bremsen begegnet mancherlei Schwierigkeiten.

Die Reibungskraft ist $T = \mu \cdot S$, wenn μ den Reibungskoeffizienten und S den Anpressungsdruck bedeuten. Ist u die Geschwindigkeit an der Reibungsfläche, ausgedrückt in m/Sek., so ist $T \cdot u$ die umgesetzte Arbeitsleistung in Meterkilogrammen und $\dfrac{T \cdot u}{75}$ in PS. Für eine Bremse nach Art des Pronyschen Zaums, ist

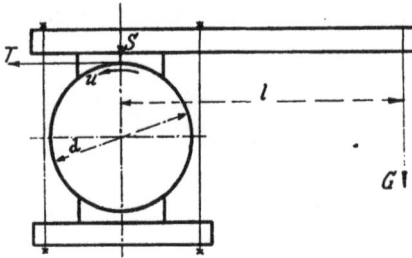

Abb. 49.

$$u = \frac{\pi \cdot d \cdot n}{60} \text{ und } T \cdot \frac{d}{2} = G \cdot l \text{ oder } N_e = \frac{\pi \cdot G \cdot l \cdot n}{30 \cdot 75}, \text{ wobei } G = \frac{\mu \cdot S \cdot d}{2 \cdot l}.$$

Hat man also den Hebelarm l senkrecht zur Kraftrichtung G bestimmt, so sind noch G^{kg} und $n^{Umdr.}/_{min}$ im Beharrungszustand zu messen.

G wird am einfachsten dadurch bestimmt, daß man den Bremshebel l nicht mit Gewichten belastet, sondern auf eine Wage drücken läßt. Natürlich ist das Eigengewicht des Bremshebels selbst, die „Tara", dabei zu berücksichtigen. Da die Kraft G abhängig ist von μ und S, und μ wieder von der Beschaffenheit und Temperatur der reibenden Flächen, ist es oft recht schwierig, G konstant und damit einen wünschenswerten Beharrungszustand so lange zu erhalten, bis die Wassermessung beendet ist. Hierin liegt eine weitere Quelle von Ungenauigkeiten. Es ist daher bei größeren Leistungen auch die Bestimmung von N_e auf Bruchteile von Prozenten genau nicht immer möglich. Es empfiehlt sich Bremsen zu verwenden, bei denen die Wasserkühlung getrennt von der Ölschmierung vorgenommen werden kann.

Bei der Bestimmung der effektiven Leistung einer Turbine, die mit einer Dynamomaschine direkt gekuppelt ist, kann man die von der Dynamomaschine abgegebene elektrische Leistung KW in Kilowatt mit wünschenswerter Genauigkeit durch elektrische Präzisionsmeßinstrumente feststellen. Es sind dann $\dfrac{1000\,KW}{736} = 1{,}36\,KW$ ausgedrückt in PS. Aber es handelt sich bei der Bestimmung der Turbinenleistung um die von der Turbine abgegebene und der Dynamomaschine aufgenommene Leistung. Ist der Wirkungsgrad der Dynamomaschine daher η_d, so ist die Turbinenleistung $N_e = \dfrac{1,36\,\mathrm{KW}}{\eta_d}$ und damit der Wir-

kungsgrad der Turbine $\eta = \dfrac{1,36\,\mathrm{KW}}{\eta_d \cdot N_i} = \dfrac{1,36\,\mathrm{KW} \cdot 75}{\eta_d \cdot 1000 \cdot Q \cdot H}$.

Man hat also, um zum Wirkungsgrad der Turbine zu kommen, noch die Kenntnis des Wirkungsgrades der Dynamomaschine η_d nötig. Auch diese Ziffer ist von den elektrotechnischen Firmen nicht immer mit

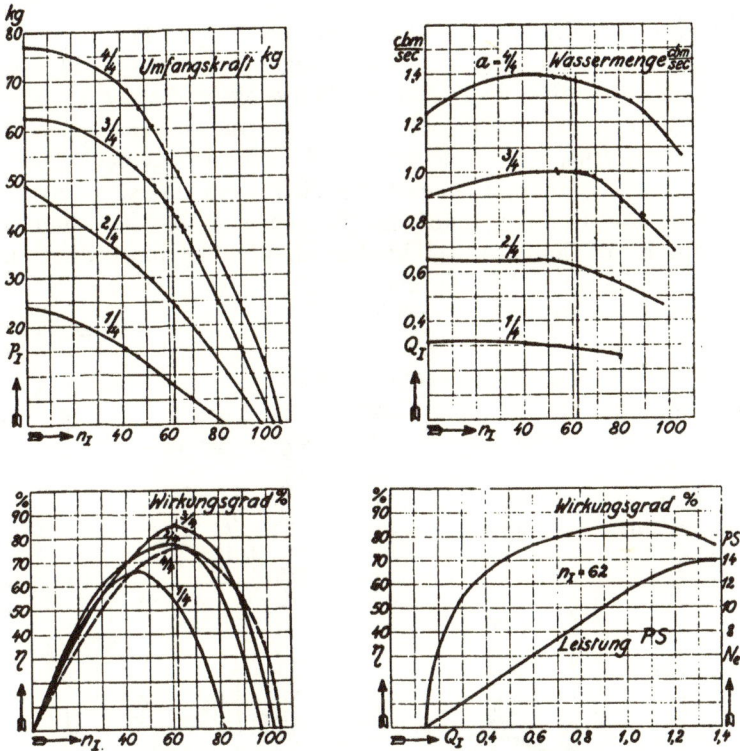

Abb. 50. Bremsergebnisse mit einer Francisturbine von $n_s = 232$.

wünschenswerter Genauigkeit zu erhalten und erfordert zu ihrer Bestimmung besondere Versuche.

Der Wirkungsgrad einer Turbine η setzt sich also schließlich aus einer Reihe von Faktoren zusammen, von denen jeder mit Fehlern behaftet sein kann. Für den Wirkungsgrad einer Turbine einen Höchstwert und eine peinliche Garantie zu verlangen, die hohe Strafen bei der Unterschreitung um Bruchteile von Prozenten vorsieht, die kleiner sind als die möglichen und wahrscheinlichen Meßfehler, ist also nur ein Zeichen von geringer Sachkenntnis.

In den Diagrammen Abb. 50 sind die bei der Bremsung einer Turbine mit vier verschiedenen Belastungen ermittelten Werte der Umfangskraft, Wassermenge und des Wirkungsgrades, abhängig von der Umdrehungszahl übersichtlich in Kurven zusammengestellt. Die Leistung und der Wirkungsgrad sind überdies abhängig von der Wassermenge aufgetragen.

Zu beachten ist besonders, daß sich die Wassermenge mit der Umdrehungszahl verhältnismäßig nur wenig ändert, dagegen der Wirkungsgrad sehr stark. Er erreicht bei der normalen Umdrehungszahl (von etwa $n_1 = 62$) seinen Höchstwert und sinkt zu beiden Seiten rasch bis auf Null herab. Es geht daraus hervor, daß eine völlig entlastete, also „durchgehende Turbine" höchstens die 1,8fache günstigste Umdrehungszahl annehmen kann, aber auch, daß der Wirkungsgrad einer Turbine um so rascher sinkt, je mehr man sich von der normalen, günstigsten Umdrehungszahl entfernt, wovon schon S. 53 Gebrauch gemacht worden ist.

Bei den Kaplanturbinen gestaltet sich diese Übersicht nicht so einfach, weil die Laufradschaufeln, ähnlich wie die Leitschaufeln (und zwar durch die hohle Achse hindurch), drehbar angeordnet sind und nun mit den Leitschaufeln gleichzeitig verstellt werden. Es entspricht also jeder Füllung der Turbine, auch eine andere Stellung der Laufschaufeln. Dadurch ist es allerdings möglich, den Wirkungsgrad bei kleinen Füllungen (der nach Abbildung 50 stets kleiner wird) zu heben und für verschiedene Wasser-

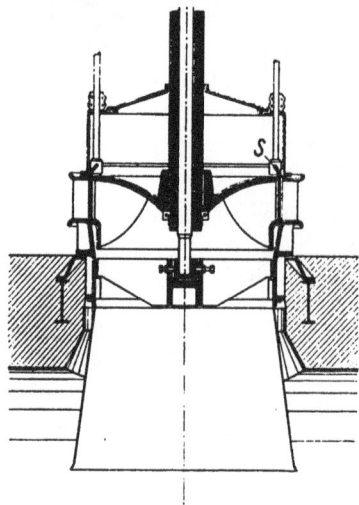

Abb. 51. Regulierung mit Zylinderschieber S.

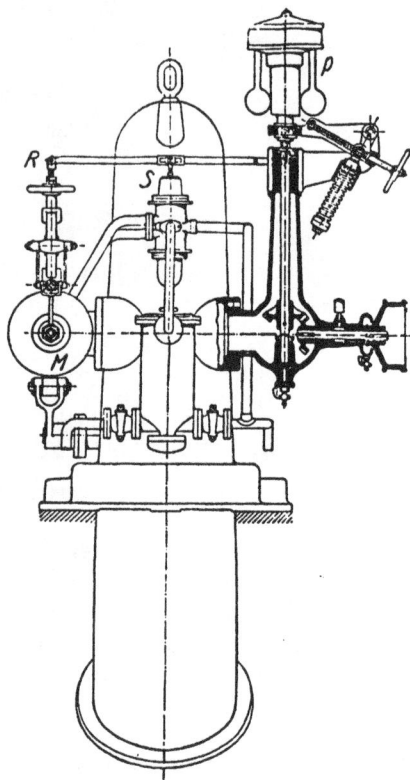

Abb. 52. Spiralturbine mit automatischer

mengen nahezu auf derselben Höhe zu halten (Abb. 44). Alle gezeichneten Kurven (Abb. 50) nehmen bei der Kaplanturbine einen anderen Verlauf. Auch die Leerlaufgeschwindigkeit wird bei den Propellerturbinen höher.

In den meisten Versuchsanstalten werden heute wegen der hohen Kosten, die die Anfertigung von Versuchsmodellen in großem Maßstabe verursacht, nur kleine Modelle von Laufrädern (100 bis 400 mm Durchmesser) untersucht. Die Versuchsergebnisse lassen sich nach dem von Camerer angegebenen Verfahren für große Modelle umrechnen. Nach Abschluß der Versuche an kleinen Rädchen werden in besonderen Fällen erst größere Modelle angefertigt und die Versuchsergebnisse mit ihnen den Angeboten zugrundegelegt.[1]

[1]) Es ist üblich geworden, nur solche Turbinen zu bestellen, von denen Bremsergebnisse mit Modellrädern vorliegen.

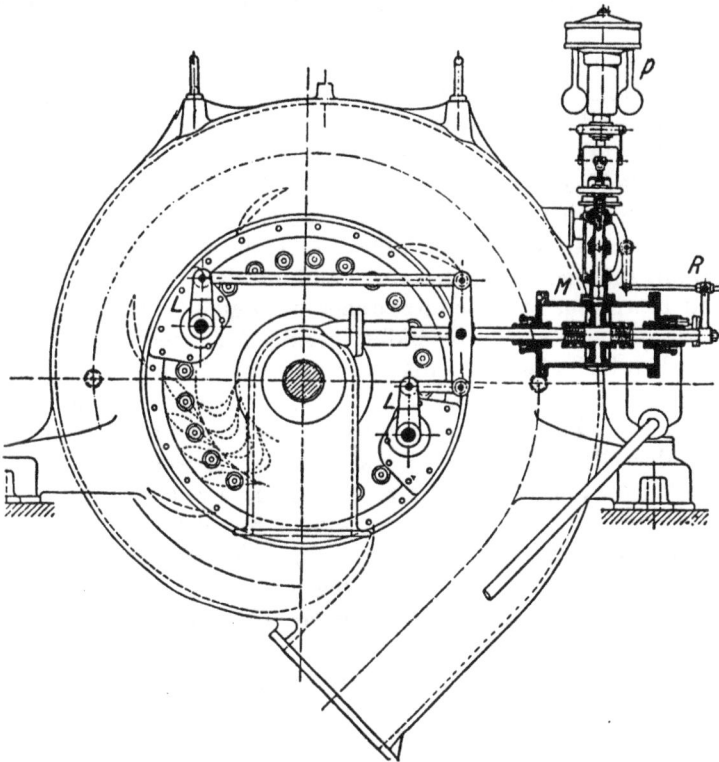

Abb. 53.

Geschwindigkeitsregulierung (Ganz & Co.).

Regulierung der Turbinen.

Alle Motore sollen sich wechselnden Belastungen bei möglichst konstanter Umdrehungszahl rasch anpassen. Bei den Turbinen ist dies nur durch eine Veränderung der der Turbine zugeführten Wassermenge möglich, da die zweite, die Leistung der Turbine bestimmende Größe, das Gefälle H, in der Natur wohl Schwankungen unterworfen ist, sich aber nicht rasch ändern läßt. Es muß also bei jeder Turbine die Zufuhr der Wassermenge durch besondere Organe veränderlich gemacht werden können.

Dies geschieht bei den Freistrahlturbinen mit rundem Wasserstrahl durch Verstellung der Nadel in axialer Richtung (Abb. 12 und 14), bei solchen mit rechteckigem Strahl durch Verstellung einer Rechteckseite. Sind mehrere Leitzellen aneinander gereiht, so werden einzelne solcher Zellen nacheinander abgeschlossen, Abb. 15 und 16.

Bei den Francisturbinen waren bis vor kurzem zwei Arten der Querschnittsverstellung im Leitrade gebräuchlich. Der sogen. Zylinderschieber S (Abb. 51) der zwischen Leit- und Laufrad eingeschoben wird, ist nahezu verschwunden. Bei den drehbaren Leitschaufeln (Abb. 21 System Fink) wird die Radhöhe b unverändert gelassen und die Lichtweite aller Leitzellen gleichzeitig von 0 bis auf „voll" verstellt.

Zum Verstellen aller Arten von Regulierorganen sind aber immer so bedeutende Kräfte notwendig, daß die Verstellkraft eines empfindlichen Pendels P (Abb. 52 und 53), welches die eintretende geringe Veränderung der Umdrehungszahl bei Belastungsschwankungen anzeigen soll, niemals hinreicht, um diese Verstellung der Regulierorgane unmittelbar zu bewirken. Man benutzt daher das Peudel P nur dazu, um ein Steuerorgan S von verhältnismäßig geringen Abmessungen für einen hydraulischen Zylinder (den man Servomotor M nennt) zu bedienen. Der Kolben des Servomotors ist dann mit dem Regulierorgan L der Turbine verbunden. Zur Bewegung des Kolbens wird eine Druckflüssigkeit (Wasser oder Öl) von etwa 10 bis 20 Atm. verwendet, die meistens in eigens dafür angeordneten Druckpumpen erzeugt wird.

Ein Pendel in Verbindung mit einem Servomotor gibt aber noch keine automatisch wirkende Regulierung, die den Belastungsschwankungen in wünschenswerter Weise folgen kann. Hierzu ist noch eine sog. Rückführung R nötig, die einen eben erfolgten Eingriff des Pendels jedesmal wieder aufhebt. Es würden sich sonst nämlich dauernde Schwingungen in der Umdrehungszahl der Turbine einstellen, die einen praktischen Betrieb unmöglich machen.

Die absolute Höhe dieser Schwingungen läßt sich durch ein rasches und ohne toten Gang vor sich gehendes Eingreifen des Pendels und der Regulierorgane durch Einstellen der „Schlußzeit", und durch die Anbringung von Schwungmassen beeinflussen.

Abb. 54 zeigt, wie z. B. die Firma J. M. Voith den Servomotor M mit dem Steuerorgan S, der Rückführung R und dem Pendel P zu einer konstruktiven Einheit von gefälliger Form zusammenfaßt. Im Untergestell ist auch die Pumpe zur Erzeugung des Preßöls für den Servomotor untergebracht. Ein solcher „Hydraulischer Geschwindigkeits-Regulator" wird von den einzelnen Turbinenbauanstalten in mehreren verschiedenen Größen ausgeführt, die nun oft und mit den mannigfachsten Turbinenformen in Verbindung gebracht werden können.

Abb. 54. Hydraulischer Geschwindigkeitsregler (Voith).

Die Vorgänge, die sich bei einer solchen automatischen Geschwindigkeits-Regulierung abspielen, sind oft außerordentlich verwickelte, und ihre mathematische Verfolgung gehört zu den schwierigsten Problemen der Mechanik. Dies besonders darum, weil die Schwankungen in den Drehzahlen nicht die einzigen sind, die beachtet und durch die Geschwindigkeitsregulierung auf ein entsprechend geringes Maß eingeschränkt werden müssen.

Wenn man nämlich an einer oder mehreren Turbinen einen erheblichen Teil des Querschnitts durch die Regulierorgane plötzlich absperrt, und den Wasserzufluß erheblich vermindert, so muß in dem ganzen Zuflußkanal oder im Zuflußrohr die in Bewegung befindliche

Wassermenge entsprechend der Regulierbewegung plötzlich verzögert oder beschleunigt werden, wodurch Druckänderungen vor der Turbine unvermeidlich sind.

Bei offenen Zuleitungen werden die Drucksteigerungen sich in einer Erhöhung des Wasserspiegels vor der Turbine bemerkbar machen, die ein Überfallen des überschüssig gewordenen Wassers im Freilauf oder Übereich bewirkt. Trotzdem sind oft langgezogene Wellenbildungen im Oberwasserkanal zu beobachten, die zu periodischen Gefällsschwankungen führen, durch die der weitere gleichmäßige Gang der Turbinen ungünstig beeinflußt werden kann.

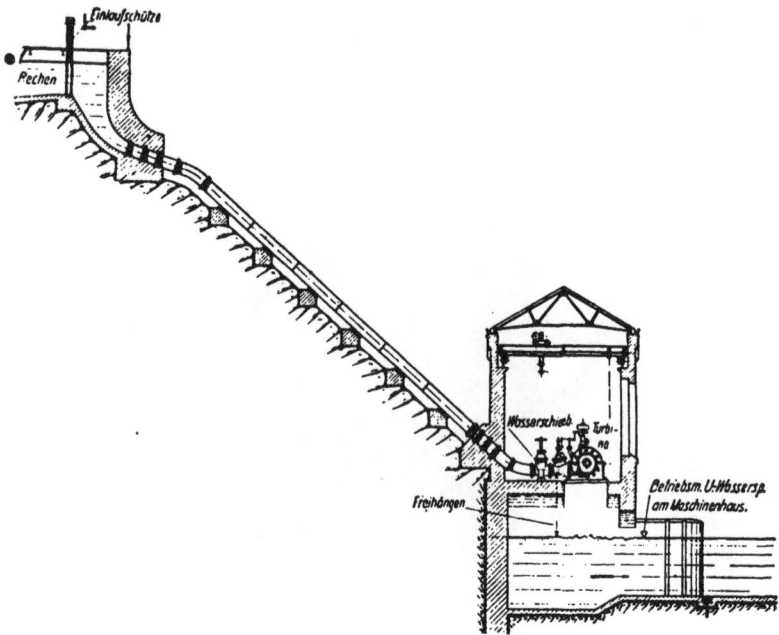

Abb. 55. Becherturbine mit Rohrleitung.

Bei geschlossenen Zuleitungen (Abb. 55) pflanzen sich die Drucksteigerungen im Zuflußrohr von der Turbine nach oben fort und geben zu Schwingungserscheinungen Veranlassung, die so heftig werden können, daß sie zu Rohrbrüchen führen. Es müssen daher Vorkehrungen getroffen werden, diese gefährlichen Druckstöße und ihre Folgen zu beseitigen. Außer der früher besprochenen Geschwindigkeitsregulierung muß darum auch noch eine Druckregulierung angebracht werden. Beide werden meistens miteinander verbunden und ihre Ingangsetzung wird von demselben Pendel oder von 2 Pendeln veranlaßt. Der vom Pendel beeinflußte Servomotor schließt dann bei plötzlich eintretenden Entlastungen der Turbine nicht nur den Leitapparat der Turbine, sondern er lenkt auch einen Teil des Wasserzuflusses von der Turbine ab (Abb. 56 bei A), oder er öffnet gleichzeitig einen sog. „Freilaß", d. i. eine Auslaßöffnung (Abb. 57 bei F), die vom Zuflußrohr Z aus unmittelbar in das Unterwasser führt. Wird der Freilaß um denselben Betrag geöffnet, um den der Leitapparat L geschlossen wurde, so bleibt die Wassergeschwindigkeit im Zuflußrohr zunächst konstant. Da aber durch die Ablenkung oder den geöffneten Freilaß Betriebswasser verloren geht, das keine Arbeit leistet, so würde das zu dauernden Wasserverlusten führen[1]). Der Freilaß muß daher durch eine besondere, vom Pendel unabhängige Vorrichtung so langsam wieder geschlossen werden, daß sich dabei eine schädliche Drucksteigerung in der Rohrleitung nicht einstellen kann. Die zur Schließung benutzte Vorrichtung K muß einstellbar sein (Abb. 57 durch die Schraube s), damit man die immerhin

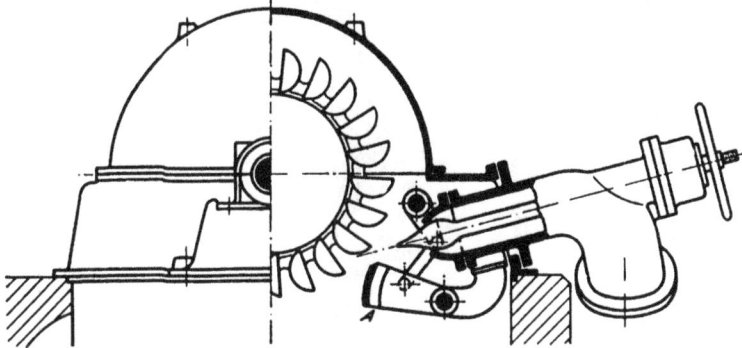

Abb. 56. Becherturbine mit Strahlablenker (Voith).

noch auftretenden Drucksteigerungen auf ein entsprechend geringes Maß herabbringen kann. Anderseits muß bei einer plötzlichen Belastung der Turbine der Freilaß geschlossen bleiben, darf sich in diesem Falle also nicht betätigen.

Die kombinierte Geschwindigkeits- und Druckregulierung einer Turbine gestaltet sich daher manchmal recht kompliziert, besonders bei Strahlturbinen mit mehreren Düsen, die alle gleichsinnig arbeiten müssen und durch Preßöl zu bedienen sind.

Bedenkt man, daß hierzu noch Vorrichtungen gehören, die am Eintritt des Wassers in die Rohrleitung (dem sog. Wasserschloß) erwünscht sind und dazu dienen, um bei plötzlich auftretenden Rohrbrüchen das Wasser automatisch von der Rohrleitung abzusperren, so geht daraus hervor, daß bei einer modernen Hochdruck-Turbinenanlage die eigent-

---

[1]) Das ausströmende Druckwasser führt überdies, besonders bei hohen Gefällen, leicht zu Zerstörungen in den Fundamenten und Bauteilen.

liche Turbine, von allerlei Beiwerk umgeben ist, das zur Erhaltung eines
geregelten Betriebes nötig ist, und eine oft recht verwickelte Konstruktion darstellt, die eine sorgfältige und durchaus sachgemäße Überwachung
erforderlich macht.

Über die bei den Turbinen auftretenden maximalen Geschwindig-
keits- und Druckschwankungen werden gleichfalls bei der Bestellung
Vorschriften erlassen, die durch Betriebsrücksichten vorgeschrieben
sind. So dürfen z. B. bei elektrischen Lichtbetrieben die maximalen
Steigerungen der Drehzahl bei einer plötzlichen Entlastung der Turbine
um 25 % nur 2 bis 3 % von der normalen Drehzahl abweichen, weil sonst

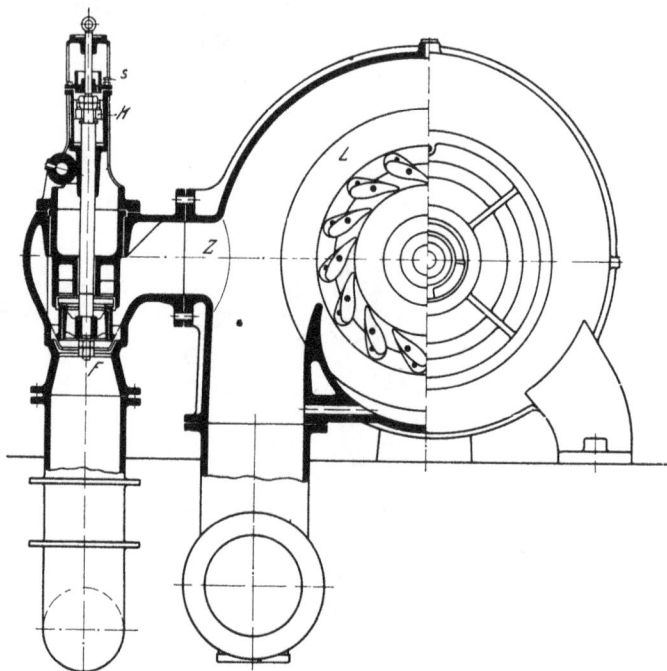

Abb. 57. Druckregulierung (Voith).

das Licht unruhig erscheinen würde. Ein gleiches gilt für den Betrieb
von Spinnereien u. dgl., während elektrochemische Betriebe größere
Schwankungen vertragen. Bei den Abnahmeproben werden diese
Schwankungen durch besondere Instrumente, die Tachographen, in
Form von Diagrammen ermittelt, wie das Abb. 58 zeigt. Die oberste
Kurve stellt hier den Verlauf der Geschwindigkeitsänderung bei einer
plötzlichen völligen Entlastung dar. Die zweite zeigt, wie der Leit-
apparat im Zeitraum von etwa 6 Sek. geschlossen wird, und die dritte
Kurve gibt den gleichzeitigen Verlauf der Öffnung des Freilasses mit
nachfolgender langsamerer Schlußbewegung desselben in etwa 25 Sek. an.

Zu dem am oberen Ende einer Rohrleitung (Abb. 55) liegenden
Einlaufbecken, „dem Wasserschloß", kann vom Wehr aus ein längerer
Kanal oder Stollen führen. Wird die Turbine abgesperrt, dann wird die
Wassergeschwindigkeit in der Rohrleitung in kurzer Zeit zum Stillstand
kommen müssen. In dieser Zeit aber strömt das Wasser z. B. in einem
Stollen, der zum Wasserschloß führt, weiter und die Energie des bewegten Wassers wird dazu benutzt, um den Wasserspiegel im Wasserschloß zu heben. Das geschieht solange, bis die Spiegelerhöhung einen
so hohen Druck erzeugt, daß unter seiner Wirkung die Wassergeschwindigkeit im Stollen langsam zur Ruhe kommt. In diesem Augenblick
kehrt sich unter der Wirkung des nun im Wasserschloß höherstehenden
Wasserspiegels die Geschwindigkeit im Stollen um und dadurch fängt
der Wasserspiegel im Wasserschloß wieder an zu sinken. Es stellen sich,
durch das Hin- und Herpendeln der Wassermasse im Stollen veranlaßt,

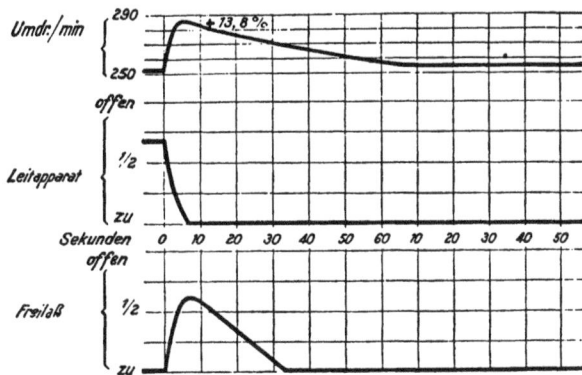

Abb. 58. Regulierdiagramm.

Schwingungen ein, die ein abwechselndes Steigen und Fallen des Wasserspiegels im Wasserschloß bedingen. Die erste Ausschwingung gibt die
größte Erhebung des Wasserspiegels im Wasserschloß. Die Reibungs-
verhältnisse wirken dann fortlaufend so dämpfend ein, daß nach einiger
Zeit Ruhe eintritt. Das umgekehrte tritt ein, wenn die Regulierung der
Turbine mit einer Vergrößerung der Füllung beginnt, also eine plötzliche
erhebliche Mehrbelastung auftritt. Dann fangen die Schwingungen im
Wasserschloß mit einer Spiegelsenkung an, die auch in diesem Falle zuerst den höchsten Wert annimmt, um dann langsam abzuklingen.

In jedem Falle muß das Wasserschloß so bemessen sein, daß es entweder den steigenden Wasserspiegel aufnehmen kann, oder das über-
strömende Wasser gefahrlos abführt. Der sinkende Wasserspiegel darf
ferner nicht soweit abfallen, daß die zur Turbine führende Rohrleitung
Luft schluckt. Es ist Aufgabe des projektierenden Ingenieurs, die Be-

messung und Formgebung der Größe des Wasserschlosses richtig durchzuführen und sich zu diesem Zweck mit den Eigenschaften des geplanten
Betriebes, den Turbinen und Rohrleitungen genau genug bekannt zu
machen.[1)]

[1)] Fr. Prašil, „Wasserschloßprobleme", Schw. Bauz. 1908; K. Pressel, Desgl.
1909; D. Thoma, „Zur Theorie des Wasserschlosses", Berlin 1910; L. Mühlhöfer,
„Zeichnerische Bestimmung der Spiegelbewegung", Berlin 1924 usw.

www.ingramcontent.com/pod-product-compliance
Lightning Source LLC
Chambersburg PA
CBHW031452180326
41458CB00002B/742